去自然，去领略生命之力

2003 年起，中国就开始了大熊猫的"野化放归"计划。

2010 年，中国大熊猫保护研究中心在核桃坪基地重启圈养大熊猫野化培训与放归项目……

2010
07
19

谢浩 周晓 著

淘淘日记

一只"野生"大熊猫的十年成长记录

中国林业出版社
China Forestry Publishing House

姓名：淘淘

性别：雄性

谱系号：777

出生日期：2010 年 8 月 3 日

出生地：中国大熊猫保护研究中心卧龙核桃坪野化培训基地

放归日期：2012 年 10 月 11 日

放归地：四川省栗子坪国家级自然保护区

序

　　我一辈子只从事了一份工作，那就是大熊猫研究与保护。在四十年的工龄里，我[见]证了这项工作的开始、过程的艰辛，和现在的巨大发展。

　　最初的"五一棚"只有几顶帐篷，有些年纪大的工作人员是从伐木工转过来的，[和]我们年轻人一样，面对的是完全陌生的工作。在那段清苦的岁月里，年轻的学生[想]做点事情，但是所谓的"研究"也只能通过动物痕迹进行一些粗浅的观察、监[测]……我们常常把手里的卷尺抽出一截来模仿对讲机，幻想着自己能用上那些先进[的]设备；而现在的大熊猫研究，已经细分到行为、生理、遗传等多方面，各个基地[都]有专门的兽舍、实验室、兽医院，野外工作也有了全球定位仪、红外相机甚至无[人]机。至于对讲机，早就不是新鲜玩意儿了……

　　这一切恍如隔世。回想起来，留给我记忆最深刻的并不是那些成绩和荣誉，反[倒]是野外漏雨的帐篷和烟熏火燎的火塘、闯入营地久久不肯离去的野生大熊猫、核[桃]坪桥上被勒令拆下的路灯、一群因为大熊猫幼仔夭亡而泣不成声的小伙子……

这其中，有平凡中的坚韧，有不期而遇的惊喜，有不被理解的委屈，更有痛后的真情流露。这些不一样的经历和情感，陪伴我走过了四十个寒暑，成了我和熊猫之间无形的联系，并最终凝结成大熊猫保护历程中的一段缩影。

人是感情丰富的生物。陪伴一只大熊猫从出生到成长，从圈养到野外，从一到十年，这样的经历难得，这样的感情纯粹。

这本书开启了一个不一样的视角，让读者了解到在让大熊猫回归野外的工作一群人是如何围绕"淘淘"开展工作的，包括他们遇到了哪些困难，是如何解决当时是怎么想的……

因为这是一项探索性的工作，能参考的经验寥寥无几。所以不管是有几十年龄的我，还是刚入行的毛头小伙儿，面对这些意想不到的困难，大家的内心都充了各种挣扎、纠结、犹豫和矛盾。

还有人的安全。地震后的卧龙次生灾害严重，每年雨季的山洪、泥石流和塌方都造成人员伤亡，在那条路上的每一次通行，都是一次搏命。大熊猫固然重要，但人更重要！

能走到今天，真的太难了。

这本书不仅是科普，更是一段记录，一次回忆。让我们多年以后还能记得"淘"，记得这群人，记得他们之间的故事。

张和民　　2022 年 6 月 20 日

序

√ 2010 年 8 月 3 日

淘淘出生了

√ 2010 年 9 月 3 日

这个风雨交加的长夜牵动着每一个人的心

√ 2010 年 11 月 3 日

幼仔体检日

√ 2010 年 12 月 12 日

学习爬树

√ 2012 年 10 月 10 日

从今天开始成为一只真正的野生大熊猫

√ 2013 年 3 月 13 日

第一次与淘淘失联

√ 2013 年 10 月 13 日

找到"猫"了

√ 2015 年 10 月 12 日

这次是真的没电了

√ 2020 年 6 月 18 日

淘淘来"信"

2010
07
19
—
2012
10
10

淘淘的故事从核桃坪开始

上
篇

野化阶段

中国大熊猫保护研究中心卧龙核桃坪野化培训基地

第二期野化放归项目的由来

虽然我国在大熊猫人工繁殖方面取得了巨大的进步，让圈养大熊猫的数量有所增加，但是卧龙的熊猫团队深知保护这一物种的难度仍然很大，因为关键点不仅是圈养，野外也很重要。通过全国第三次大熊猫调查，人们发现，野生大熊猫仅存活到一千六百只。更严峻的问题是，一些野外种群被地理、交通等因素划分成更小的单元，彼此的大熊猫个体难以交流。如果任其发展，数量较小的种群将因为近亲繁殖而走向衰败。

要解决这个问题，最可行的办法就是让圈养个体回到野外。让圈养个体的基因与野生个体的基因融合，增加当地小种群的遗传多样性，从而实现自我维持，避免灭绝。

人们记得，曾经对自然的掠夺让大熊猫的栖息地遭到了破坏，而不得不将它们从野外引入圈养，但这只是暂时的保护行为。人们知道，终将会有一天，大熊猫要回到野外。

这一天终于到来。

2003 年，第一期大熊猫野化培训项目在卧龙核桃坪开始，一只名叫"祥祥"的几岁大熊猫在人们的带领下开始了长达三年的人工培训。2006 年 4 月，"祥祥"进入卧龙"五一棚"▪的丛林，进入到真正的野外。但是第二年，它就在与同类竞争资源时遭到攻击，受伤后又从高处跌落，最终脏器受损致死。

美丽的开头没有换来幸福的结尾，圈养出身的"祥祥"终究没能在云谲波诡的野外生存下来。这无异于一个沉重的打击，整个研究项目陷入停滞。很快，社会上的各种指责纷纷袭来……

大熊猫的出生不容易，每只幼仔都仿佛是"熊猫团队"自己的孩子，他们跟大熊猫相处的时间比跟自己家人还多，每一只幼仔的出生都凝聚了团队的努力和付出，对它们的离去怎会不心疼？但这个时候说什么也没用，"熊猫团队"百口莫辩，只能默默承受着巨大的压力。精神紧绷的时候，团队成员的脑海中时常闪现出异常的监测信号、雪地里杂乱的脚印、脱落的 GPS 颈圈、血肉模糊的伤口……这是"祥祥"生命中最后的画面，也是第一期野化培训最后的画面。

社会上大多数人并不了解，也不理解。可能他们认为这些可爱的个体只需要待在衣食无忧的温室里就好，不管是不是锻炼，都不要出去面对危险。压力不仅来自外部，团队内部也出现了不同的声音，保守、畏惧的情绪开始冒头，研究工作在大熊猫回家这条路上不敢再前进……

▪　"五一棚"：中国第一代大熊猫研究专家在四川卧龙境内的一座小山上搭起帐篷，建立了世界上第一个大熊猫野外生态观察站，因为观察站的帐篷距离水源地有 51 步台阶，于是取名"五一棚"

"科学研究没有失败,'祥祥'是一个里程碑,探索工作应该坚持下去……"。"熊猫团队"顶住了各方的压力,重新坚定信心后,开始了回忆、反思:"祥祥"是在人工环境出生并成长的,完全没有机会从同类那里学习生存技能。它与人的关系越密切,和野外的距离就越疏远。所以"祥祥"虽然在野外生活了一段时间,但是没有真正脱离对人工圈养环境的依赖,在野外资源竞争上无法和强悍的同类抗衡。

围绕如何更好地进行野化培训,"熊猫团队"内部有过太多次的商量、讨论、争执……在你一言、我一语的来来回回中,"母兽带仔"这个全新的野化培训方式逐渐成型。母兽带仔,也就是让幼仔跟随母亲成长,减少与人的接触,让其在成长过程中接受大自然的洗礼,用野性的法则去锤炼出真正的野性。

作为野生动物,大熊猫的家应该是高山峡谷、竹林岩洞、森林小溪……

2008年,地震刚过去两年,"熊猫团队"就开始着手启动第二期野化培训了。他们明白:放归这条路必须走下去,只有实实在在的工作,迈出让大熊猫回到野外的第一步,才是解决问题的开始。

一切都要回到原点,回到卧龙,回到核桃坪。

酝酿 全面准备

为了项目实施，人和大熊猫都要回到核桃坪，等待"天选之子"的降生。

经过长时间的反复酝酿和考量，第二期野化培训队伍最终确定。来自动管、兽医、科研和后勤的 15 人组成了第一批成员。

大熊猫也确定了。分别是"英英""草草""紫竹""张卡"四只待产大熊猫。

大家在雅安完成了所有的物资准备，等待着回到卧龙，回到核桃坪。此前也有人担心：为什么要回到核桃坪？那里不是已经很危险了吗？这项工作不能在雅安进行吗？

雅安基地虽然有大熊猫的圈养条件，但是距离天然栖息地

地震前的核桃坪基地，培训期依山而建

还是太远，而且没有现成的基础和软硬件设施。

卧龙核桃坪基地的人和大熊猫在地震后辗转到了雅安后，核桃的圈舍并没有被完全摧毁，只是闲置了两年。不仅有很多圈舍可以使用，而且厨房、宿舍也都没有问题。最重要的是，核桃坪处于大熊猫的天然栖息地范围内，后面那片山林常能发现野生大熊猫的痕迹，从自然条件来说再适合不过了。

至于人的安全，那就必须提高警惕、加强防范了。毕竟没有哪里是绝对安全的啊！

动管：中国大熊猫保护研究中心动物管理处

野化阶段

07：30，四只大熊猫和物资的装车工作在雅安碧峰峡大熊猫基地内完成。

这两年次生灾害频发，尤其是从映秀回卧龙的道路，时常出现山体垮塌。为了安全起见，车队不得不绕道宝兴。这一绕，就要多出近300公里，路上还要翻越两座4000米的高山。时间预计将花费10~12个小时。

工作人员特意把车子右后门打开，一是为了保证车厢内有新鲜的空气，同时也便于工作人员登车观察大熊猫情况。确定好人员座次和车辆顺序，队伍在警车的引领下缓缓出发。

队在山路上小心行驶，避让着相向而来的车辆　　消失在远方的盘山公路

随着海拔的渐渐升高，沿途的风景如同长长的卷轴画在蜿蜒的山路上徐徐展开。蓝天、白云、草地。但大家都没有心思欣赏沿途的景色，接连几天的忙碌让所有人感到疲惫。很多人都闭着眼休息，平复紧张、激动的心情。

5个小时过去了，车队抵达夹金山顶，才完成一半的路程。看着脚下的公路蜿蜒消失在山边，所有人都在想：这是对未来的一种预示吗？是希望渺茫，还是好事多磨？不管前方道路如何，车队继续赶路。

车队终于在18：00顺利到达核桃坪。打开笼门，一张圆圆的脸先探出来，鼻子上全是灰尘。

1公里=1千米

酝酿　全面准备

卧龙核桃坪基地海拔 1980 米，距离卧龙镇只有七公里，是位于关门沟和白龙沟中的一个狭长地带，最窄处仅 50 多米宽。皮条河逶迤而过，把这里分成了办公 / 宿舍区和熊猫圈舍区（俗称"饲养场"），两岸由一座四十米长的拱桥连接。

简单的一桥两岸，意义可不简单。

1980 年 5 月，中国政府与原"世界野生生物基金会"[现更名为"世界自然基金（WWF）"] 签订了相关协议，约定在卧龙国家级自然保护区内修建"中国保护大熊猫研究中心"，选址就在核桃坪。在此之前，核桃坪只是一个四十多亩地的路边苗圃。

1983 年 11 月 23 日，中国保护大熊猫研究中心在核桃坪正式成立，开启了圈养大熊猫繁殖研究长达二十多年的历史，逐步解决了圈养繁殖难题，把大熊猫种群数量提到了

工人们用竹板把基地的兽医院保护起来　　　　　　　地震中，被落石砸坏的基地大门

个新的高度。

很多具有极高知名度的大熊猫都是从这个基地走出去的，很多跟大熊猫题材有关的视作品也在这里拍摄……

但是，2008 年"汶川大地震"给整个保护区造成了巨大影响。为了安全，大熊猫和员外迁到了雅安，暂别核桃坪基地。

就在野化培训队伍回来前不久，灾后排危的工人也来到了核桃坪。他们将负责核桃山体的"排危"工作，就是把山上那些已经松动和可能掉落的石头提前敲掉，然后稳固体、拉上防护网，以绝后患。在他们施工期间，有无数大大小小的石头从山上滚下来。

1 亩 ≈ 0.667 公顷

2008 年，最后一批人员撤离核桃坪是在 7 月 20 日。
距离昨天大熊猫回到卧龙核桃坪，刚好是两年。

两年很短，只是记忆链条上的一小段；两年也很长，
足以让"城春草木深"。

在这两年中，没有人的核桃坪迅速被大自然占据：
荒草疯狂地铺满了大熊猫运动场，茂盛的油竹在道路两旁狂欢，
厚厚的青苔沿着地砖缝肆意延伸……
岁月在熟悉的画面上静静流淌，渐渐改变着记忆中的模样。
想想往昔的热闹，再看看眼前的寂寥，亘古之初的安静让人窒息。

大熊猫圈舍的运动场已经长满荒草

置身其中，感觉"无处话凄凉"。
而现在不仅大熊猫回来了，人也回来了。
大家明确了短期工作目标：安顿好大熊猫的同时，
尽快把整个基地从沉睡中唤醒。

酝酿·全面准备

今天是"大暑"节气，但是在核桃坪，感受不到一点夏天的酷热，一早一晚还有丝丝凉意。

四只大熊猫回到核桃坪，避开了高温酷暑，能吃能睡，看来它们对回到老家非常满意。但对人来说，麻烦才刚刚开始。由于地震的影响，原来靠山的路已无法通行，所以人们用脚手架搭了一条临时便道，把这条路从桥头改到了兽医院楼顶，从楼顶再下到饲养场。不管怎么改，人总要经过桥头，那是最危险的地方，因为山上不知道什么时候就会飞几块石头下来。

同排危工人协商如何安全通行

不久前，一颗乒乓球大小的石头从五十多米高的地方飞下来，砸中一名排危工人的左脚，造成脚踝骨粉碎性骨折。

厨房那边也遇到了麻烦：由于电压不够，电饭锅没法煮饭。无奈之下，厨师只能用背篼背着电饭锅，戴上安全帽，像躲子弹一样冲过便道，到饲养场来煮饭。饭煮熟了要赶在开饭之前背回去，让大家按时吃到饭。

端起碗，所有人不禁感叹：这饭真是得来不易啊！

野化B阶段

每个人都在忙碌，所有人都身兼数职：饲养管理、环境卫生、饲料加工、安全巡视、库房保管……有了大熊猫就有了人，有了人就有了人气，核桃坪在大家的忙碌中逐渐变得生机勃勃。可是，每天从山上掉落的石头仿佛无数把"达摩克利斯之剑"悬在山上，更悬在所有人头顶上。支撑临时便道的钢管很多地方已经被砸弯，几厘米厚的木板也被砸出了洞。因为大熊猫接近产仔期了，人员进出会更频繁，这条路是进出饲养场唯一的通道，人身安全可不敢马虎。大家找到排危工人，表示很理解他们的工作，

工作人员每天都要在落石的威胁下通过这里

同时也请他们帮忙修复受损的地方，提高稳固性和通行速度。工人们欣然答应，立马俯下身更换钢管和木板。很快，整个核桃坪都听到了"叮叮咚咚"的敲击声。

此外，工作人员和排危工人还达成一个约定：每天上、下的时候，工作人员在桥头两侧集合。人齐了就冲着山上大喊，示意要通过。待山上所有工人都停下，石头也不再滚落，大家就依次通过。在所有人都过了桥之后，山上的工人再接着干活。这样，既增加了通过的安全性，也不会拖延排危工作。

由于安全帽不够用，大家就先紧着女同事和背电饭锅的厨师用。下一步就是要抓紧采购更多的安全帽。

14：20，所有人在值班室开会，讨论下一步怎么做。

两位从事野外生态研究的教授发表了自己的看法：
"大熊猫苑"那一排圈舍有天然的植被分布,里面的地形也更多样
乔木、岩石、陡坡都有，用作培训非常适合。

在野外，大熊猫也会接近、利用人类搭建的窝棚。
虽然原因尚不明了，但是这可以作为一个方案。圈里面
原本就有一个石洞，尽快再做一个人工的建筑，给大熊猫选择。
七嘴八舌之下，最终确定方案：产仔前就把大熊猫搬到靠山的
圈里面，让大熊猫在树洞、石洞和木棚子三者中间自由选择。

畅所欲言的讨论

大家都很喜欢这种开会的氛围，每个人都能畅所欲言。
而且所有人都是第一次面对这种新的工作，
不知道以后会遇到什么有趣的情况。这让大家觉得陌生又新鲜，
话语中闪烁着兴奋。

虽然大熊猫平时居无定所，像个流浪汉。但在产仔和哺育期，母兽为了幼仔的安全，
选择相对固定的巢穴。根据 80 年代在"五一棚"的野外研究，野生大熊猫产仔、育幼期
主要选择是树洞或石洞。

中午，一块石头从排危的山坡上滚落，在半山腰一个突出的地方弹起，然后斜歪歪地就冲着饲料房飞来了。

"砰！"正在饲料房忙碌的工作人员开门一看，门口的蓝色垃圾桶被砸出了一个窟窿。要是再飞远点，饲料房的玻璃都要被砸碎。

饲料房距离排危的地方有好几十米，中间还隔着兽医院，本来算是比较安全的，没想到还是被波及。后来据说是排危工人加快了进度，导致石头掉落得更厉害了。他们是希望尽快完成工作，减小对大熊猫放归工作的影响。

左 飞石砸中了饲料房门口的垃圾桶

右 每隔两三五米就安一盏灯

但他们哪里知道，已经有大熊猫表现出了生产的迹象。

只要有大熊猫产了仔，那就要全天轮换值班，人员进出会更频繁，反而更不安全。为了更安全地通过这里，工作人员又在容易滑倒的地方钉了胶垫；为了尽可能提高夜间照明亮度，又不过分刺眼，还安装了多颗暖色灯泡，大大提高了通行的速度和安全性。

阴冷的皮条河边上，出现了一道温馨的明黄色小径。

下午，请工人找了一些干枯的树皮，在两棵麦吊云杉中间做了一个树洞的形状。但是大家觉得树洞的尺寸小了点。不管是哪只大熊猫，要想通过这个洞口都有些费劲。不行，这要马上告诉工人，洞口还要扩大，而且上面要加盖顶棚。

"麻烦你加快速度完成行吗？说不定明天就生了！"

工人嘴里答应着，眼神却有些迷茫，他不清楚自己干的活跟生大熊猫有啥具体关系。

酝酿 全面准备

核桃坪慢慢恢复了元气，工作人员也变得神采奕奕。

中午，有人抛出一个问题：真的要把刚生下来的幼仔，直接放到满是灌丛的圈里面去吗？在这么多年的工作中，人和大熊猫都相互习惯了，小仔生下来，马上就有人照顾。虽算不上总统套房，但至少也是遮风挡雨啊。

现在突然要把只有一两百克的小仔放到露天，谁心里也没底啊！

"那如果还是像以前一样，就不叫野化培训了啊！"

终于有人打破了沉默。

道理都懂，可真到了要实施的前一步，似乎所有人

工作人员讨论树洞的大小

大家约定以后每年拍一次合影

都无法轻松面对。这个时候，每个人都开始体会到了"摸着石头过河"的艰难。

晚饭前拍了一张合影，图中一共十六人，一名工作人员外出采购物资缺席，另外，多了两位研究生，一位来自西华师范大学，另一位来自美国密歇根大学。

野化的介段

外出采购物资的工作人员打来电话："已经安全到达雅安。"
而在核桃坪，扩大树洞的工作仍在继续，
并且已经开始搭建木棚。

工人不知道木棚要做成什么样子，只能向工作人员咨询。
工作人员就让工人发挥想象，按照他自己的理解来做。
工人很无奈：我无法想象啊！工作人员只好把具体的朝向、尺寸、
高度等要求一一告诉他。
其实工作人员也不是特别清楚，因为以前接触的都是圈养的大熊
猫，现在要在模拟一个野外巢穴，这实在有点为难。

逐步成型的木棚

不过有个硬性要求：铁钉子等尖锐的物体不能露在表面，
以免伤到大熊猫。

大熊猫的巢穴在一步步完成，人的住所也慢慢收拾好了。
核桃坪有个老的宾馆，就在路边，是一座两层的老式筒子楼，
中间一条通道，两边是房间。在核桃坪，手机信号常常中断，
集中住宿是最好的选择，相互联络会很方便。

酝酿 全面准备

这两天，几只大熊猫的产前行为又逐渐平静了下来。

中午，工作人员接到施工人员的电话："树洞大小我觉得差不多了，你们来看看吧！"远远就看见树洞的口子明显大了一圈。

大小是可以了，但入口处还需要再弄得光滑一点。

另一边的木棚也快完工了。至于石洞，没什么需要再改造的。

吃过晚饭，除了沿着公路走一走，工作人员就只能在饲养场里面散散步。

暮霭渐渐笼罩了远方的关门沟，山里的寒气逐渐袭来，只有宿舍和值班室的灯光能让人稍微感到一点温暖。

工作人员钻进圈洞中感受一下

一切都很顺利。赶在产仔前，树洞和木棚搭建工作完成了，石洞前面的荆棘灌丛也清理开了。三者相互之间距离也就七八米。

每个人都在脑海中想象着母兽抱着幼仔，躲在洞里或木棚子里的画面，肯定是很温馨的场面。接下来的工作就是要在树洞里面安装一个监控。

木棚型巢穴

树洞型巢穴

石洞型巢穴

酝酿·全面准备

工作人员需要把更多的关注放在四只母兽身上，毕竟它们生的小仔才是所有工作的核心。

几天时间过去，包括兽医在内的几个人都认为只有"草草"还保有产仔的可能性。而其余三只大熊猫的产前行为开始模棱两可，可能是"假孕"。

装着摄像机的三脚架立即放到了"草草"旁边。这个摄像机只是代替人的眼睛，把图像、声音传到另一边的值班室，让工作人员可以在不打搅大熊猫的情况下，实现同步观察，但麻烦的是需要到现场来手动调节镜头方向。

架设在"草草"圈里的摄像机

在圈养大熊猫的繁殖研究中，"假孕"是一个较为常见的现象。交配过后，雌性大熊在激素的作用下，行为会表现出一定的变化，直到产下幼仔。但有些雌性大熊猫虽然后并没有产仔，但中途也会表现出跟其他产仔大熊猫一样的行为。到现在，这仍是在熊保育中需要研究的方面。

野化阶段

在将"草草"列为重点照顾对象之后，工作人员时不时地
来到它身边，近距离查看情况。

"草草"会是第一个产仔的吗？不到产前的那一刻，
没人能确定。看着眼前这个吃竹笋的"胖子"，
工作人员还能想起它刚来时的样子。
2003年，"草草"被人从野外抢救送到核桃坪。
那时候它大概只有1岁，个头小小的，黑眼圈不够圆，
有点方方的样子，让人很容易记住它。它最大的特点是温顺，
甚至在它带仔的时候，饲养员也可以采到它的乳汁，

只要有竹笋吃，"草草"就允许工作人员接触它

抚摸到它怀里的幼仔。

这对于野化培训来讲很重要。在"母兽带仔"的培训过程中，
人只能接触母兽。如果母兽太过凶猛，让工作人员无法接近，
很多工作就无法开展。所以，工作人员都希望"草草"
可以顺利产仔。

酝酿　全面准备

为了应对随时可能降生幼仔的情况，工作人员抓紧时间把值班室隔壁打扫出来，把育幼箱搬了进去，改造成一个临时育幼观察室。然后又把需要用到的纱布、棉布清洗干净晾晒起来。

下午，又来了一些工人，在培训圈的北边 100 米处用灌浆的方法稳固山体，开始了新的灾后排危工作。现在，核桃坪一头一尾都在进行排危施工。

机器日夜不停的轰鸣声让人有些烦躁。培训圈近在咫尺，工作人员开始担心产了仔的大熊猫能否适应这样嘈杂的环境。

另一处排危作业现场

质量是企业的生命

下班前，工作人员围绕如何兼顾野化培训和幼仔安全再次展开讨论。经过反复思考和权衡，工作人员的意见逐渐趋向一致：

培训圈内舍相对安静一些，可以让"草草"在里面产仔。同时，通向运动场的门保持畅通，让它自己选择"出去"或者"不出去"。

晚饭前，采购物资的同事回来了，大家赶紧过去帮忙卸车。

忙完以后，大家拿着买来的红色安全帽反复看，感觉不够结实，塑料感很强。

"这安全帽买成多少钱一顶？""5 块一顶。"

"5 块？太便宜了吧！""不，还有 3 块的。""……"

一大早，工作人员就发现"草草"的运动场到处都是水渍。原来它把木桩抓烂，木屑堵住了出水口。在它的长时间的走动下，整个运动场被水、粪便和木屑弄得一片狼藉。

工作人员预感"草草"要生了，赶紧把买回来的温湿度计安装到树洞里面去。前天，监控人员就已经把小型摄像头装进了树洞顶端，预计可以用俯视的视角观察"草草"的所有行为。

今天，"草草"的食欲几乎废绝，一直在走动，累了就在水池里躺会儿。

烦躁的"草草"

安装在树洞里面的摄像头和温湿度计

21：00，一切又平静下来，生产的时刻继续延迟。

工作人员赶在下班前在兽医院楼顶安了一盏探照灯，能在夜晚照亮临时便道。另外，把"草草"换到了靠山的圈，后来证明这是对的。

守护 渡过难关

殊的环境，让原本简单的工作变得困难。为了让母兽安心带仔，
员不得不日夜守在大熊猫身边。

值班人员群发了一条短信："草草"可能要生了。

凌晨 1：00，很快几乎所有工作人员都赶到了值班室，每个人脸上都是疲倦叠加着兴奋，同时被微微的寒冷覆盖着。

"草草"正在圈里面到处翻滚，明明已经累得气喘吁吁了，它还是不肯停下来。工作人员把一个纸盒子递给"草草"，让它撕着玩，这才慢慢安静一点。

怕"草草"太过兴奋引起意外，其余人员全部在值班室通过监控屏幕了解进展。现场只留下记录、拍摄和应急的三人，并强调纪律："不要喧哗。"

产仔拍摄使用的"凤凰"牌闪光灯

凌晨 2：00，核桃坪笼罩在沉沉的夜幕中，虽然没有排危施工的机器声，但让人感觉格外寒冷、困倦。而"草草"一直在休息，它可能完全不知道外面有一群人围着它打哈欠、揉眼睛。为了拍摄，工作人员自掏腰包买了一支价值 160 元的闪光灯，完全靠手动控制，需要通过距离来确定光圈、快门的组合。而且由于太廉价，这个闪光灯的回电速度很慢，无法高速连拍，一旦没把握好时机就很有可能错失珍贵的画面。所以负责拍照的工作人员时不时地在圈旁边估算距离，拿捏拍摄的各种准备。新生命出现前，不断地消耗着人们的体力和毅力。

如同晚会的最后一个节目，需要有其他节目作为铺垫。

凌晨 3：00，"草草"终于开始有努责的表现了。本来恹恹欲睡的工作人员似乎一下子迎来了生命中的高光时刻，一个个又兴奋起来。

"草草"开始频繁地舔舐产道，努责的强度也开始增加，这让工作人员不得不更加专注眼前的一切。

凌晨4：00，一直贴在地面趴着观察的工作人员看到一个影子冒了个头，赶紧按下了相机快门。

幼仔出生了！在场的三个人却因眼前的景象而倒吸了一口凉气：幼仔的皮肤呈蓝灰色。这是不正常的颜色，说明幼仔缺氧。虽然"草草"很快地把幼仔抱在怀里，但这个幼仔没有发出任何叫声，很反常。

"会不会是个死胎？"工作人员的心一下子沉了下去。如果缺氧的情况没有好转，一直听不到叫声，那情况就很不乐观。

子出生瞬间。

"草草"和它刚刚出生的宝宝

气氛凝固到没有人说话，在场的三人面面相觑，一时间都没了主意，之前还从未遇到过这样的情况。现在，首先要做的就是确认幼仔的情况。稍做镇定，一位工作人员走进去，小心地蹲下，从"草草"的胳膊缝里观察。

也许是生命顽强，亦或是上天眷顾。两分钟后，"草草"怀里传出了熟悉而洪亮的啼哭！这声音中有希望，也有力量，还有洪荒以来不曾改变的自信。

凝固在人内心的压力被瞬间释放！工作人员在门外用最低的音量庆祝，数小时的疲惫一扫而空。核桃坪的安静被打破，母兽带仔的野化培训也从此真正拉开了序幕。

守护 渡过难关

通往运动场的门一直开着，刚生完的"草草"很疲惫，还没有要出去的意思，抱着幼仔待在内舍的角落里，它似乎很抵触门外传来的机器声音。

昨天工作人员称了幼仔体重：205 克，仔细看了看，可能是个小伙子。然后把它还给了"草草"。这个体重已经不算轻了，但对于"草草"而言，这还不到它自身体重的 0.2%，大量的统计数据显示，初生大熊猫幼仔的平均体重仅为成体平均体重的 1/1000，这种悬殊的比例在哺乳动物中不多见。

幼仔左耳上的淤血

今天上午，工作人员又把幼仔取出来称了体重：183 克。

初生大熊猫幼仔体内水分占体重的 90% 左右，很多幼仔出生后的头三天内体重都会出现下降，大多数都是因为体内水分流失导致的。如果连续下降超过三天，就要考虑是不是幼仔没吃到奶。对所有哺乳动物而言，母乳（尤其是初乳）富含免疫球蛋白，对于幼仔生长极为重要。

"草草"长时间背对着摄像头，人们很难得知幼仔有没有吃到奶。

21：20，幼仔再次被取出来称量：178 克。工作人员意外地发现，幼仔的左耳朵上面有一个红色斑点。那是一点小淤血，小到需要借助放大镜才能看清楚。

但是鲜红的颜色却像钢针扎进了所有人心里，工作人员开始猜测引发淤血的可能。

"可能是母猫叼仔时造成的"

"可能是昨天出生的时候落在地上擦伤的"

"可能是被竹子戳到的"……经过评估认为，淤血目前不是大问题。但接下来是继续由母亲抚养？还是确保安全暂时住进育幼箱？

回到母亲怀里，有可能还会出现淤血；在育幼箱内待着，那这和以往的圈养有什么区别？工作人员再次陷入了思考和沉默。不管怎么选择，在逻辑或情感上似乎总有绕不开的堡垒。

思忖再三，工作人员最终依然决定把幼仔还给母亲。

毕竟野化培训只能让大熊猫自己来完成。

看着"草草"再次将幼仔抱在怀里，所有人心里不由得叹了一口气，眼里充满了牵挂。

这几天，另外三只母兽的"孕气"似乎都被"草草"抢走，其中一只的产前行为消退，已经被判为"出局"，另外两只的表现也不够乐观。

上午，两位工作人员慢慢靠近"草草"，用最简单直接的方法，把背对摄像机的"草草"转了半圈，尽量让它面向摄像机，便于观察。

幼仔的体重还在下降，只有 170 克了。

通过观察"草草"的乳头，并没有发现有吮乳的痕迹，值班人员也没有发现明显的喂奶行为。

工作人员请"草草"转了180度

而且，夜晚值班人员多次发现，"草草"有几次毫无征兆地站起来排便、喝水，然后走向通往运动场的门，但并不迈出去，只是偶尔冲着门外的黑夜低吼。可怜的幼仔就直接从它身上滚落到地面，几分钟后才重新被它抱起。

这让工作人员更加怀疑：是不是施工机器的噪声让母兽

野化放养阶段

精神紧张，导致幼仔不能正常吃奶？或者紧张的情绪
影响了乳汁的分泌。

　　幼仔吃奶至少要吃到半岁，总不能因为噪声的影响
就让排危停工半年吧。经过讨论决定，先尽量安抚"草草"的
紧张情绪，同时辅助幼仔吃奶。工作人员走到"草草"身边，
轻轻呼唤它的名字，然后轻轻抚摸它，让它放松。
其中一个人用切碎的苹果粒喂给"草草"，另外一个人
用手分开"草草"乳头旁边的毛，让幼仔舒服地趴在乳头那里。
"草草"似乎有点不放心，想把手搭在幼仔身上。
工作人员的手被夹在了幼仔和母兽中间。工作人员的手背上
是粗糙、宽大的"熊掌"，手心里是体重不足四两的幼仔。
幼仔本能地感受到了母亲的乳房。由于还没睁眼，它只能拼命地
左右探头，靠嗅觉去感受乳头的位置。

　　工作人员感觉手心里面那一百七十多克的身体里面
迸发出来的力量大得惊人。在乳汁面前，幼仔的表现超乎想象。
终于吃到奶了！

　　12 分钟后称量，幼仔体重上升到了 180 克。长了 10 克，
也就是吃进去 10 克母乳，今天算是饱餐一顿了。

1 两 = 50 克

守护 渡过难关

工作人员发现，之前在幼仔耳朵上的淤血已经没有了。在上午的辅助过程中，幼仔都不张嘴，估计昨天吃得太好，到现在还不饿。

15：06，工作人员正蹲在"草草"身边辅助幼仔吃奶，突然外面传来一阵巨大的轰隆声，吓得"草草"一骨碌就翻起冲着门外发出阵阵低吼，并伴随着呲嘴的声音。

这也可能是"草草"一直不敢到圈外去的原因之一。工作人员只能暂时离开，等"草草"情绪稳定再说。曾经就发生过母兽因为疲惫等原因不小心将幼仔踩踏、挤压致死的情

安抚"草草"的同时，辅助幼仔吃

所以，大家非常重视这个问题。

16：30，工作人员在值班室开会。所有人都认为，由于排危施工的干扰，导致"草草"带仔受到影响。因为到目工作人员都还不能确定幼仔能自己顺利吃到奶。

此外，也有人发表了不一样的观点：目前"草草"的行为属于"应激"反应，是对施工噪声的不适应。施工现场的机器只会发出一种声音，而且这种声音频率是不会变的。只要这个声音每天都出现，"草草"可能过几天就会适应。

圈养大熊猫平时可能会很快适应噪声，但是"草草"正处于哺乳期，对外界环境非常敏感、谨慎，谁能预料它会有其他什么表现呢？

所以，安抚"草草"情绪和辅助幼仔吃奶的工作都要继续。

野化培育阶段

工作人员决定今晚八点再试一次。

　　20:00，工作人员来到"草草"身边，再一次辅助幼仔吃奶。在"草草"吃竹笋的几分钟时间里，幼仔很顺利地吃到了奶，体重达到了 185 克。

　　入睡前，所有人接到一个临时任务：给幼仔起一个名字。

　　大熊猫发出的声音也是情绪变化的表现。如果是咩叫、鸟叫，那意味着友好；这两天发出的低吼和唾嘴，则意味着害怕和防御性的威胁。

守护　渡过难关

在山里，工作人员对"立秋"没有感觉，这里一早一晚都很凉。值班室的电炉通宵开着。凌晨，工作人员从监控中看到了幼仔吃奶的画面。

8：30，取出幼仔称重：188克；16：00，再次取出幼仔称重：201克！看来辅助吃奶对于幼仔的生长还是有帮助。工作人员再次对幼仔进行了仔细的观察。没错，应该是雄性。

新生大熊猫幼仔的发育程度不高，仅凭观察外生殖器来判断性别容易混淆雌雄。所以工作人员不敢在当天就下结论，而是在接下来的时间里继续观察。

从带仔的姿势能看出，"草草"比之前稍微放松，应该是对施工噪声开始慢慢习惯了。

厨房的用电问题已经解决，厨师也不用每天戴着安全帽、背着电饭锅跑很远煮饭。每个工作人员都拿到了一顶安全帽，上下班相互提醒，通过桥头一定要戴好安全帽。

另外，天气预报说未来一周左右，卧龙地区将会迎来强降

在桥头的排危工作可能遇到了酥松的岩体，早上开始就不断地有滚石落下，砸在钢管和兽医院隔离圈的铁板上，巨大的撞击声在整个核桃坪都听得到。

到了中午，石头落得更厉害了，圈舍的双层玻璃都被砸出个窟窿。兽医院的隔离圈就在排危工作下面，承接大部分山上滚下来的石头。圈舍如今已经被砸得不成样子。石头砸下来的声音不光大熊猫听着紧张，人听着也不舒服。

幼仔的生长势头比较好，早上体重221克，看来"草草"泌乳的量还是可以。但辅助吃奶的工作还不能停。

灾前的兽医院隔离圈

排危中兽医院隔离圈被砸得面目全非，只有一棵树还屹立不倒

工作人员每次给幼仔称重、体检的时候，都会在"草草"身边待一会儿，"草草"似乎也很喜欢跟人在一起，它显得更放松、更舒服。

幼仔出生一周了，体重到了 230 克，外形已经比刚出生时大了一圈，肩带、四肢的黑色在身体上若隐若现。

"草草"有时候会放下幼仔，独自出去饮水或者排便，转一圈后再回到幼仔身边。工作人员本以为它已经适应了这种环境，但是在吃竹子的时候它偶尔还是会突然停下，仔细辨识周围环境的声音。

工作人员询问了两头的施工队，灌浆的一方说再过一周左右时间，开动机器的时候就不多了；桥头的人说就这几天大石头多，过三四天就好了。

中 中午下班时，便道已经被大石头砸坏了
右 被石头砸坏的桥头护栏

左 看表情就知道要把竹叶撕下来也不容易

没办法，还是只能靠工作人员自己来稳定"草草"的情绪。为了跟"草草"多待一会儿，工作人员还帮它把枝叶撕下来，递给它吃。

施工队说的没错。中午下班，刚踏上临时便道的工作人员就发现钢管被砸弯了，木板也被砸破了。更麻烦的是

野化阶段

一块大石头把桥头一段护栏砸掉了，钢筋都露了出来。

这是一座 1983 年修建的钢筋混凝土桁架拱桥。
外表看上去平淡无奇，却历经了近 30 年的风雨，
默默地为大熊猫事业奉献。

今天砸坏护栏，明天就可能砸坏桥面。再来几个大石头，
要不了几天就要把桥砸塌。想不到一项本是排除危险的工作，
却让这座桥遇到了最危险的时刻。

核桃坪就这一座桥，要是被砸断麻烦就大了。
冰凉的皮条河水就从没断流过，人要想直接蹚过去是不可能的。

照片拍摄于 2021 年，这座桥快 40 岁了，仍然是核桃坪最重要的交通大动脉

临时便道坏了，一两天就能重新搭好，这么长一座桥要是砸坏了，
可不是一两天可以修好的。

守护 渡过难关

排危工作今天停了。

据说是遇到一块很大很大的石头，半截露在外面，已经松如果不管，不知道哪天就会滚落；如果现在直接撬落，很可能砸中桥面，巨大的能量极有可能损坏桥体结构，造成垮排危工人不敢做决定，他们暂时撤回到地面。

从他们愁眉不展的脸上可以看出，这麻烦不小。

今天幼仔的体重达到了 263 克，但是"草草"似乎仍不放在它看来，怀里的幼仔仿佛震后的山体一样脆弱，而只要外面器一响，它就立马扔掉手中的竹子，头一歪，抱着幼仔睡下了

工作人员轮流陪着"草草"，在机器的轰鸣中鼓励它吃竹子

工作人员特意伴着机器轰鸣声把竹子递到它手上，第一天的尝试可能因为工作人员动作有点鲁莽，"草草"根本不接竹子，表现仍旧紧张，看来还需要更多时间去适应。

便道被砸已经两天了，走上去感觉到整个钢架在轻微摇晃。趁着大雨还没到来，工人们开始修复临时便道，把被砸弯的钢管换到拐角处，直的钢管全部用在主道上，两块破了洞的木板搭在一起，相互遮挡破洞……

中午，饲养场的工作人员听到石头砸在圈舍铁板上的声音，还很奇怪：今天不是不排危么？吃午饭的时候才知道，一位工人差点在便道上被砸伤。山上石头自己松动滚了下来，这位工人正好蹲在便道上加固钢管卡子。他说他只感觉耳边有一阵风，然后一个书包大小的石头擦着他的头飞过，

被石头砸变形的围栏，可想而知当时的力量有多大。此图为后来补拍

砸向了兽医院隔离圈铁板，发出"咣！"一声巨响。最要命的是，他根本没想到会有石头掉下来，当时连安全帽都没戴。

而在饲养场，"草草"依然处在谨小慎微的状态中，对于工作人员递到面前的竹子仍颇有顾忌。

跟动物打交道是极其考验耐心的，急不来。工作人员只好一次又一次地尝试，把竹子递到"草草"手上，并且不断地跟它讲话，消除它的不安心理。像"草草"这种在人工环境中长大的大熊猫，对人非常熟悉，已经产生了依赖。在紧张、不安的时候，人的声音、行为有助于它缓解这些情绪。

晚上，又有一只母兽退出了产仔行列，现在还保有希望的母兽仅剩下 1 只。不过还好，"草草"幼仔的体重继续增加，下午达到了 304 克。不知道它能不能在核桃坪迎来一个同岁的伙伴。

工作人员继续轮流在"草草"身边"陪蹲"。有时一蹲就是半小时，最后腿都蹲麻了，一站起来就觉得眼冒金星。

幼仔长到了 330 克，身体的黑色部分越来越明显，眼睛还没睁开，但眼睛缝颜色加深了不少。

便道维修已经完成了，走上去不再摇晃。可所有人开始担心半山上那个大石头怎么办？说不定哪天就掉下来了。

晚上，工作人员又来到"草草"身边。"草草"的表现有点不一样了，它开始介意工作人员的靠近。

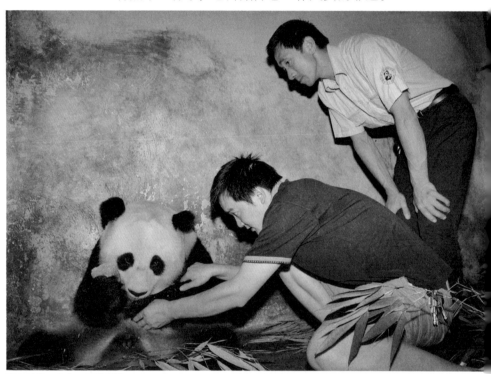

蹲久了站一会儿，又接着蹲

每次接触前，工作人员都告诫自己：小心一点。这毕竟是野生动物，不知道什么时候野性就爆发了。

野化阶段

下雨了，天气预报还挺准。

雨很大，下了一整天。密密的雨丝笼罩了核桃坪，
原本清晰的关门沟的那一片山都看不清楚了，
只能听到石头滚落的声音。桥头的山上、值班室对面的
黑松林，关门沟那里也时不时发出巨大的声音……

从下午开始，雨小了很多，但是门口的 303 省道却很安静，
静得有些诡异，似乎路上来往的车都消失了。吃过晚饭，
几位工作人员照例沿着路边走了一段，没有看到一辆车经过，
有人觉得奇怪："一整天都没有车经过，是不是哪里出问题了？"

守护 渡过难关

早上，雨还在下，推开窗户明显能闻到河水带来的阵阵腥
站在桥上，工作人员看到皮条河水位暴涨，河水裏挟着泥沙，
响声震天。打开手机才发现，没信号了。

美丽的大自然可以在温情和残酷之间瞬间换脸。

公路上依旧静悄悄的。由于通讯中断，工作人员无法得知
具体情况，但所有人都预感到："肯定是路断了。"
下雨前派出去采购物资的人员现在也联系不上，
让人有些担心。但更让人担心的是白龙沟。
白龙沟跟核桃坪基地中间就隔着一条公路，

因为强降雨而导致河水猛涨，原本清亮的河水变得浑浊
腥臭

沟口正对着宿舍区的变电站。沟口很狭窄，在 2008 年的地震
崩落的岩石让沟口几乎被完全堵塞，里面的情况鲜有人知。
一旦暴发山洪、泥石流，首当其冲的就是核桃坪，
这对人员和建筑的安全是一个巨大的威胁。

一下雨，山里面的气温就下降很多，现在道路中断、
通讯中断，感觉更冷。似乎只有蹲在"草草"身边，
感觉会温暖一些。

395 克的幼仔现在已经圆滚滚的，胖到自己无法翻身。
工作人员在自己的日记中这样描述：有时候它在地上
四脚朝天的样子就像一只脱了壳的乌龟。

卧龙属于青藏高原气候区，沿着峡谷进来的东南季风温暖、湿润，常常给这里带来丰沛的降水，同时
易引发多种次生灾害。

2008 年的地震以后，卧龙的山体变得松脆，出现了大量不稳定的碎石。在大雨或积水的时候，这些碎
会和裸露的泥土一起，成为泥石流的主要来源。

马区距离白龙沟沟口不足百米

守护 渡过难关

天晴了！有人赶紧把床单、被褥拿出来晒晒，恐其霉变。

还在吃早饭，山上修圈的工人就来到食堂诉苦：放在后山来维修培训圈的发电机、铁皮、围栏等被泥石流冲了！

后山就是核桃坪基地背靠着的山，上面有两个野化培训圈，个面积4万平方米，和基地的高度差100米；另一个面积大得有24万平方米，最高处海拔2400米，与基地的海拔落差达5〇米，那里都是"祥祥"曾经"战斗"过的地方。

"草草"和幼仔目前待的培训圈面积很小，只是具有野外境条件，跟真正的野外还有较大差距。随着幼仔的成长，这个

施工的材料连同发电机一起被埋在泥土下面

就显得局促而单调，它需要更大面积的培训圈，植被更茂盛、形更复杂、资源也更丰富。只有逐步接近原始自然，才能锻炼它的野性。

这段时间，工人的任务就是要把山上的两个圈恢复到可以用的状态。安顿好大熊猫，几位工作人员跟随工人上了山。看确实有泥石流，只不过规模不大。

爬上山，手机意外地收到了卧龙镇"飘"来的微弱信号，上弹出一条短信：路断了，实在不行我们就从夹金山回来，物都采购齐了，请放心。

野化B阶段

手机信号仍旧不通，更糟糕的是停电了。耿达镇方向没有一辆车上来，只有应急办的车从卧龙下来询问情况。

核桃坪的人这时才知道，大雨导致映秀镇被冲，临近的龙池镇也遭遇泥石流，连卧龙镇停车场上都是二十多公分■深的淤泥。据说耿达到映秀的路上还出现了人员伤亡，但具体情况不清楚。

而核桃坪仿佛是处在风暴中心的一片净土。

这两天施工工作都停了，"草草"的表现也好了很多，放心地吃竹子、喝水，整体状态轻松不少，

母亲的照顾下，幼仔的生长非常迅速

甚至还独自走到运动场小逛了一圈。但是没有电，摄像机不能用，工作人员只能通过窗户的角落进行观察。工作人员曾想趁"草草"外出的时候，把幼仔放到运动场，但还是尊重了"草草"自己的想法，尽量相信它的判断，不做勉强。"水到自然渠成"。

电子秤很快就要用不上了，因为称量上限是 500 克，而幼仔已经长到了 446 克。

■　1 公分 =1 厘米

守护 渡过难关

没有电、路不通，业余生活本就乏味的核桃坪显得更加与世隔绝。在这种环境中，需要自娱自乐来缓解压力。

几个年轻人从库房里翻出一把不知道哪年的玩具枪，然后找来装方便面的纸箱子，在上面画出靶圈和分数，依据精准度计分。

到最后，弹孔太多，镂空的纸箱子都快塌了，但大家还舍不得扔。看着上面的弹孔计算各自的成绩："这个洞是我射的，这也是我射的，这也是……"意犹未尽。

废旧纸箱子陪工作人员度过停电的时光

幼仔体重长到了530克，要用更大的秤才能称到它的体重。
夜班期间，工作人员发现"草草"有两次叼着幼仔走到门口，
但很快又退回原来的位置。不知道它在等待什么，
还是在盼望什么。

皮卡车回来了，带着满身的泥泞停在厨房门口，
把人安全带回来了，也把新的安全帽、对讲机和其他东西
带回来了。外出采购的人还带回了让人沉重的消息：
前几天雨势太大，导致卧龙、耿达各条溪水猛涨，
汇集起来的洪水轻易地把映秀路边的一个砂石料场摧毁，
所有机器都被冲走了；距离那里不远有一条未完工的隧道，
当晚从高处奔涌而下的一股泥石流瞬间冲进隧道，
在里面避雨的几十名工人一个都没能出来……

前往卧龙、小金方向的路也不太平，沿途路上
滚落了很多石头。夹金山的盘山公路很多路段出现了
边坡松动的情况。所以，建议大家近期如果没有紧急的事，
不要外出。

大家这才意识到问题的严峻。正值雨季，
所有事情都需要谨慎。下午，每人领到一个背包，
里面有一袋饼干和一瓶水。这个背包属于应急装备，
平时就放在门口，一旦需要紧急撤离，拎上包就走。
紧急撤离路线就是朝后山走，山上有两间小木屋，
可以用于应急避险。

夜间值班的任务更重了，不仅要查看白龙沟沟口，也要注意
皮条河的水位。此外，明天需要到后山看看之前的岩体裂缝
有没有加宽，食堂正对着的瀑布上游有没有泥石流的隐患。

原本设想这几天把幼仔放到运动场，但这个计划只能推迟了。
一场暴雨，让工作人员晚上都睡不踏实，山里面的人太难了！

守护 渡过难关

一早，天气晴朗，万里无云。

吃过早饭，几位工作人员就开着皮卡车往卧龙镇去采购应急储备粮。食堂目前的大米、蔬菜只够一周，猪肉也很少，必须想办法提前买菜，不能让大家吃饭成问题。

工作人员本计划再买一头（kún）猪（四川方言，意思是一整头猪），有可能的话多买几种蔬菜。但是最后只买到几十斤土豆、玉米、四季豆和萝卜。卧龙的土壤、气候非常适合这几种农作物的生长，这四种菜从来不缺。所以当地人也是很热情，半卖半送地装了一大口袋。

菜贩子正在收购老百姓的莲白，工作人员赶紧过去买菜

猪肉很难买，最后是动用了工作人员的亲属关系，才买到了不足二十斤肉。

另一组工作人员上到后山，查看有无塌方和泥石流的风险。地震的时候，半山腰有些地方已经出现了明显的裂痕。当年大量的垮塌让紧邻食堂的山上露出一片岩石，每到雨季，这里总会滚下很多土石方。而宿舍区旁边的瀑布，也存在着隐患

野化培训阶段

工作人员和四只大熊猫回到核桃坪刚好一个月了，幼仔出生也已经 18 天了，生长发育正常。但还不能站立，没有睁眼，依然只能躲在"草草"的怀里，靠母亲的乳汁生存。

为了保证"草草"泌乳，工作人员不仅要给它提供优质的竹叶，还要给它喂竹笋。竹笋水分足、营养好，而且纤维少，适口性极佳，非常适合哺乳期和亚成体大熊猫食用。

道路的中断，让竹笋库存也告急。还有一只母兽保留着产仔的可能，如果生了，也需要投喂竹笋。

另外，时不时地停电也给核桃坪的工作和生活带来极大不便。一台巨大的柴油发电机是地震那年留在这里的，虽然能用，但是柴油剩得也不多了。

迫不得已，工作人员决定再次派人到雅安进行采购，包括猪肉、蔬菜、竹笋和柴油。唯一的要求：东西买不到没关系，路上一定小心谨慎。

两位工作人员开着皮卡车很早就出去了。

这是一辆老式的尼桑皮卡，已经服役很多年。
中间经历过几次大修，从越来越多的响动和逐渐攀升的油耗
可以看出车子的状态越来越差，但它依然承担着
核桃坪所有的运输工作，毫无怨言。在工作人员眼里，
这辆车就是一个不会说话的伙伴。

晚饭前，车辆已安全到达雅安，并告知核桃坪：
有什么想买的随时联系。很快，驾驶员就收到了回复：
"牛肉干 4 包、果冻 6 袋……"
这内容一看就知道是女同事发的短信。

工作人员今天把大家给幼仔起的名字收集到一起，
发现前三名是："草根儿""滚滚儿""钢板儿"。

好几个人都选了"草根儿"。究其原因，首先是因为
"草草"生的仔。另外，"根"是扎在泥土里面的，
能从大地汲取无尽的营养。当然也有民间的说法：
名字贱容易养活。另外两个名字也很接地气，
"滚滚儿"这个儿化音有点成都方言的感觉，
还有一层意思就是大熊猫在地上打滚的样子很可爱；
有人觉得"钢板儿"这个名字够硬，幼仔好养活。

冠名是件慎重而严肃的事，还要从全社会广泛征集名字，
经过层层筛选才能最后确定。

幼仔今天的体重达到了 625 克，"草草"的状态也越来越好。

核桃坪两头的排危工作恢复了。工作人员非常担心
悬在桥头上的那个大石头，而施工的人说，
可能要通过爆破的方式来除掉这个威胁，但是拍胸脯保证
不会波及饲养场和下面的桥。

四只大熊猫都对重新听到的机器噪声有些反感，
但半天过后基本就适应了。"草草"也没有像之前表现得那么紧
反而对工作人员的接近多了几分提防。工作人员有时刻意把竹
放在门口，甚至门外面。"草草"都能很轻松地把幼仔放在地
自己把竹子拖过来吃，吃完再抱起幼仔。

在场的人都感觉距离"草草"走出去不远了。于是，
大家再一次检查了树洞、木棚和石洞，确保表面没有铁钉等
尖锐的异物。

另外那只保留着产仔希望的母兽开始减食了，草草的幼仔
可能拥有一个同龄的伙伴。

野化阶段

00：00，是最难熬的时候，冷、乏。大熊猫们都很安静，值班人员坐在电炉旁对着屏幕，极困却不敢睡。整个饲养场除了值班室和四个大熊猫的圈舍里面有灯，其他地方伸手不见五指。

查看了四只大熊猫后，值班人员听见十号圈方向传来有人说话的声音。再一听，声音很清晰，是两个人在对话，还有水流的声音！

晚上就一个值班的人，谁在那里说话？猛然间，值班人员想起2008年地震当天，这附近有个遇难的人，就是被抬在十号圈旁边放着……

想到这里，整个人感觉浑身的汗毛都竖起来了。仗着有四只大熊猫给自己撑腰，他终于壮着胆子喊了一声，才发现是两名排危工人夜里口渴，到十号圈里面接水喝。他们住的棚子就在十号圈旁边，只是工作人员在白天都没发现……

守护 渡过难关

让人没想到的是，"草草"这只幼仔现在出生不到一个月，体重也已经有 800 克了，这超出了工作人员的预期。

圈养大熊猫幼仔的体重增长很快，在出生后的第一个月，平均每天的增重可以达到 30 多克。

因为哺育幼仔需要安静、稳定的环境，但是机器的嘈杂、环境的不安稳对"草草"而言是很大的挑战，甚至泌乳也一度受到了影响，这对于幼仔的发育是个制约因素。好在面对这些困难，"草草"都挺过来了，这让工作人员觉得前途还比较光明。

22：30，皮卡车回来了。不仅兑现承诺带回来了牛肉干、果冻，还带回来了 500 斤竹笋、200 斤猪肉、一桶柴油，一大袋蔬菜，米、面、油，还有工作服和新的闪光灯。一下车，驾驶员就说："山上这边雾大得不得了！"原来，行至小金县时就已经天黑，但是月朗星稀，视线极佳。谁知翻过巴郎山，雾气越来越重，能见度只有四五米。刚铺好的柏油路面没有白线，没装护栏，加上车灯又不够亮，坐在车上几乎分不出路面和悬崖，好几次都差点对着悬崖开过去……

最后，只能盯着靠山一边的灰色排水沟，缓慢前行。平时只要五十分钟的车程，今天足足用了两个半小时。

安全回来就好，安全就好。

幼仔已经 935 克了，称体重的时候拿在手上感觉沉甸甸的。

给幼仔称重、体检的同时，工作人员把"草草"放到外面去熟悉环境，提前适应一下。

"草草"在远离人们视线的一棵树下停留了很久，那里地势较高，它好像在寻找什么，又像在考虑什么。

至于工作人员苦心为其搭建的三个家，"草草"并没有花很多时间嗅闻，几乎是"一笑而过"。

这让圈外和监控室的工作人员很不理解："搭建得还不够好吗？"

草丛中的"草草"显得心事重重

守护 渡过难关

接连两天让"草草"到外面适应环境，就是为了让风险降低

在此之前，还真没试过把一个月左右的幼仔放到露天去。

虽然讨论过很多次，但一提起这事，一向在大熊猫养育方面

很有把握的工作人员第一次没了自信。

工作人员焦虑的同时，"草草"却兀自快乐地享受着天伦之乐

现在，它已经完全放松了，就算外面的机器依旧轰鸣，

它依然可以让怀里的幼仔睡得很舒服。

从"草草"的姿势可以看出，它比较放松

多年以后，参与野化培训的 9 个人在回顾"野化培训过程给自己最大的感受"的时

全都选择了"对大熊猫的了解不够、担心幼仔出事"，足以看出当时的压力之大。

野化阶段

让"草草"到树洞、木棚或石洞里带仔的事情重新提上日程，因为从大熊猫幼仔的发育来看，平均 35 天就会睁眼。所以，在今天的准备会上，工作人员们把这个时间初步定在 9 月 1 日。

在此之前，还有几件事需要完成。

首先，在巢穴里铺上一层青草，给幼仔作为缓冲；

另外，收集粪便、尿液，涂撒在青草上，

让"草草"更快熟悉环境。

守护 渡过难关

　　早上，桥头的石头落得很厉害，没人敢过桥，所有人都远远地等着。这个时候，排危施工队的一个人过来问有谁想搭他的车出去休假，但没人应。倒不是因为路途遥远，而是因为大家确实都想看看"草草"怎么在野外的环境带仔，休假的事情可以暂时推后。

　　上午，工作人员再次把整个流程又走了一遍，考虑所有可能涉及的细节。

等山上喊"可以了"，工作人员才敢通行

幼仔暴露在露天环境中，这是从来没有过的经历。

人可以确定将会遇到什么情况，这让每个人都感到焦虑。

9：30，工作人员把大量灌丛叶子铺在木棚和树洞里，另一位工作人员给幼仔排尿，混合着"草草"的粪便一起洒在垫层上。做完了准备工作，工作人员转身离开。

10：00，"草草"进入运动场，旁边的工作人员关上了回到内圈的门。"草草"终于朝着树洞走去。令人意外的它似乎根本就没注意到里面有它和幼仔的气味，直接从门口走过了。几次三番，均是如此。

一直到11：30，"草草"也没有任何对树洞、木棚或石洞探究行为，这是所有人预料不到的事情。

工作人员给幼仔排便　　　　　　　　　　"草草"叼起树洞里的幼仔，转身就走

一位工作人员轻轻走进去，把幼仔放进树洞，用幼仔的声音吸引"草草"。然后自己躲到后面去，观察母幼的反应，万一有紧急情况也可以及时把幼仔取出来。11：57，在转了一大圈后，"草草"终于开始注意到树洞门口的幼仔。但是更加让人跌破眼镜的事情出现了："草草"叼起幼仔，走到十多米外的草丛中坐下了。15：00，工作人员又照原样试了一次，"草草"依然叼起幼仔就往草丛走去，头也不回。动作的决绝显示出它和树洞的势不两立。工作人员暂时让它和幼仔休息一下，在场的人感觉腿都站麻了也休息一下。16：30，工作人员把巢穴换成木棚，用竹笋引诱到木棚里，但是"草草"在木棚里吃了几根竹笋后，还是决绝地叼起幼仔回到它自己选择的地方。

野化阶段

正如庄子说的话"子非鱼，焉知鱼之乐"。人不是大熊猫，就不知道大熊猫是怎么想的。它不选择树洞，而选择草丛，自然有它的道理。至于是什么道理，我们暂时不得而知。

"草"谢绝了工作人员为它准备的家，委身在草丛中

户外　艰难抉择

凌晨 2：40，值班人员从监控画面上看到一只硕大的脑袋出现在树洞前，原来"草草"自己进去吃竹笋了。

两位工作人员抓住这难得的机会，进到圈里去，把幼仔从草丛中取出，放在它身上。人还没转过身，幼仔就从它腹部滚落，发出"哇！"的一声。工作人员只好重新再把幼仔捡起，放回到它身边，然后退到一旁观察。没有意外，"草草"吃完竹笋，叼着幼仔回到了草丛里。

凌晨 5：00，开始下雨。"草草"躺在草丛中，把幼仔抱在怀里。工作人员凑近过去，没有听到幼仔的叫声，

工作人员用塑料布给"草草"挡雨

估计睡得很好，并没有淋到雨。

天亮以后，工作人员不忍心让它们在雨地里待着，怕幼仔淋了雨受凉，找来一块面积大概 2 平方米的彩条布，撑在它头顶给它遮雨。没想到"草草"毫不领情，带着幼仔就走开了。

真是热脸贴个大冷屁股！工作人员不敢发火，也没多想，毕竟还是担心幼仔感冒。雨没有要停的意思，人们只好又重新来一把很久以前的很旧的大伞，撑在它旁边。这次它没有反感，躺在伞下安静地休息。

到了下午，幼仔体重 1460 克，也就是说在过去的 30 多个小时里，体重增加了一百多克！身体表面没有很湿，体温也正常，摸上去热乎乎的，这颇让人意外。

野化阶段

一早，值班人员就报告说"草草"把伞咬坏了，而且，带着幼仔睡在空地上。

到了晚上，又开始下雨。"草草"可能觉得伞的避雨效果不好，站起身想离开。但转了一圈最终还是在原地躺下。从监控画面上可以清楚地看到雨水一颗颗从它身上滚落，闪闪发亮。

半个小时以后，雨势变大。监控已经无法使用，屏幕上除了雨水的光亮，就是一片漆黑。

而那把伞已经彻底歪倒在一边，完全没有起作用。大家打着伞，拿着手电筒直接站在圈外面，都想看看幼仔如何度过

工作人员只能站在圈外观察

严苛的野外环境。雨水打在伞面上啪啪作响，水滴甚至可以穿透雨伞直接飞溅到脸上。"草草"依然蜷缩在空地上，雨水在它身上肆虐，它开始把幼仔藏在自己腋窝下，那是它全身唯一保持干燥的地方。

几分钟后，不可思议的事情发生了："草草"站起身，走进草丛深处去了。随着它肥大的身形消失在草丛中，偌大的空地上就只剩下幼仔。

所有人都懵了，这是人们预料不到的。雨水重重地砸在幼仔身上，仿佛砸在所有人心头。

"草草"进入了监控的死角，现场的人看不到它，摄像头也无法捕捉到它的身影。人们不知道这位母亲为什么离开，更不知道它怎么会在关键的时刻把幼仔单独留下。

空旷的地面上，黑白相间的幼仔显得格外醒目，也格外渺小。夜幕和大雨似乎要将它吞噬。

野外：艰难抉择

漆黑的夜、狂暴的雨以及晃动的光柱……

空气中多了许多不安定的因素。

　　出生才三十多天的幼仔暴露在这种恶劣的天气中，许多人想都不敢想。幼仔显然无法安睡，隔一会儿就会把头昂起来，表现出它的不舒服。没人知道暴雨会给幼仔造成多大的麻烦，躺在母亲怀里尚能保持体温，但是直接暴露在雨水中，会不会造成体温过低？泥水对身体健有什么影响？……无数的猜测和担心煎熬着人们的意志。

　　接下来的问题是怎么办，是暂时把幼仔挪到安全的地方避雨？还是尊重"草草"的选择？工作人员又遇到了一个两难的问题。从理性的角度讲，应该让"草草"自己选择，只有它才最清楚什么时候该给予幼仔帮助，什么时候该让幼仔独自面对。

但人们显然比这位母亲更加忧虑。在场的人虽然说得轻描淡写"不用管它，散了吧。"但所有人都站在原地不动，直愣愣地看着手电光的方向，无不显露出紧张的神情。

野化阶段

清晨，雨停了。

工作人员凑近去观察，只见"草草"满身污垢，连头上都是泥土。幼仔安静地睡着觉，身体随着呼吸有节奏地起伏，摸起来温热。

经历了暴雨的幼仔重新回到了母亲怀里，仿佛什么都没发生过。但是工作人员觉得既疲倦又费解。虽然熬了一个通宵，但还是睡不着，耳边仿佛还响着雨声。所有人都在想："那样子淋雨都没事，真是想不到。"

雨夜的经历，改变了大熊猫在大家脑海中的固有印象。

工作人员查看"草草"和幼仔的状态

独自趴在雨中的幼仔不再是无力的小生命，黑白相间的毛色注定了柔弱与坚强同时存在于它身上。

一黑一白，一强一弱，颜色和生命的两个极端在暴雨中猛烈地冲击着人们的眼球和意志。滴答而逝的时间如同一颗颗子弹，从夜晚到黎明，不停地轰击着人们的固有思维，直到穿透了对大熊猫认知的隔膜。

户外 艰难抉择

最近的两个监控头不能转动，"草草"移动了三四米，轻易地避开了人们的视线。要长期监控，就要重新想办法，工作人员只好用医用纱布把摄像机缠在木棚上，上方的棚沿正好可以遮雨。只不过所有的线都必须要放得高高的，避免被"草草"咬到。

即便如此，也不是绝对安全。工作人员只能随时注意"草草"的行动，一旦有破坏摄像机的倾向，就要及时保护机器。

18：00，唯一还保留着产仔希望的"紫竹"有反应了。很巧，关键时刻又停电了，一群人又是打着手电围着看。

工作人员用纱布固定摄像机

20：00，开始下雨，手电筒耗尽了最后的电量。工作人员不得不用对讲机请宿舍区的人帮忙，因为新的手电筒在宿舍区这边。但不管是送过去还是过来拿，始终要通过最危险的桥头。由于连续不断的雨水浸泡，山上的泥土愈发松此时的桥头开始不断地滚落大大小小的石头，砸在钢管、铁板发出的声音让人听了心里为之一紧。终于，有位工作人员勇敢站了出来，自告奋勇地要回宿舍区去拿手电筒。戴好安全帽，吸了几口气，然后他靠着手机微弱的亮光，在便道上拼命地跑中间完全不敢有一丝迟疑。抓起已经准备好的手电筒，他又一冲过便道，返回了饲养场。

坐在值班室，他说自己在便道上跑都来不及仔细看脚下，差点踩到木板的破洞里，身边一直有滚石头的声音，整个人感"尾巴都夹紧了"。

　　昨晚前半夜的惊心动魄没有等来好的结果，"紫竹"
并没有顺利产下幼仔，看来今年的培训目标十分明确了，
就只有"草草"的幼仔这根独苗。一天下来，"草草"把幼仔
保护得还算不错。下午称量，幼仔体重 1685 克。

　　到了后半夜，雨下大了。凌晨 1：00，从宿舍区篮球场方向
传来沉闷、奇怪的声音，像是有人在大力推门。
大部分人都听见了，但不清楚发生了什么。其实，
这是厨房后面的山体发生了垮塌。

　　大雨如注，垮塌不断。几个人打着手电沿着公路
前往白龙沟沟口查看。空气中弥漫着泥土的腥臭，
耳边除了河水的咆哮，就是震耳欲聋的垮塌声。手电筒只能照到
四五米远的距离，光线就被大雨吞噬。
刚走到变电站，也就是距离垮塌山体最近的地方，
大面积的土方再次从山上倾泻而下，走在路上的值班人员
虽然看不见，但感觉到一股气浪在黑暗中扑面而来。站在沟口，
发现水量比平时大，但还不是很浑浊。这个时候显得人极为渺小，
要真是有泥石流冲出来，完全逃不掉。而且，到处在垮塌，
如果按照预定的撤离路线爬到后山去，就必须过桥，那太危险了。
看来应急预案需要修改。

　　几个人回到宿舍，发现住在厨房那边房子里的排危工人
全都挤在宿舍一楼拐角处。工作人员问："你们在这儿干啥？
不睡觉吗？"谁知工人的反应十分激烈："垮成那样子，
谁敢睡啊？就在头顶上垮……"
"睡了还不晓得明天活得转来不！"
"要睡你们睡，反正老子不敢睡。"……

　　排危的工棚里面的狗叫得愈发凄惨、无力。劝不动工人，
工作人员只好各自回房间，强迫自己睡觉。白天的工作
要正常开展，都不睡觉哪行啊。

清晨，"草草"不知为什么爬树了，好像很开心。

为了让"草草"感到更加隐蔽，工作人员找来竹子，插在树洞、木棚外面，挡住人们的视线，并把旁边的木桩移过让这里看起来更"野外"一点。

之前的雨棚已经被弄坏，工作人员用竹竿撑起整面彩条布重新给母子俩做了一个更大的雨棚。搭好雨棚，工作人员先自己蹲在下面，感受遮雨的效果。

下午，工作人员发现"草草"对这个新雨棚十分感兴趣，甚至直接爬上去，把雨棚当秋千玩了好一会儿。看来这个雨棚

重新做的雨棚

撑不了多久。

幼仔的左眼睁开了一条缝，如果它能看到自己的妈妈坐在雨棚上，不知道它会怎么想。

行为发育

睁眼时间
野化培训幼仔"淘淘"
35 日龄
圈养幼仔
36 ~ 58 日龄
野生大熊猫幼仔
40 ~ 72 日龄

"草草"似乎很喜欢躺在这个大秋千里玩。

看着摇摇欲坠的彩条布里，有人说这个雨棚挺不过三天；有人说挺不过一个礼拜。不知不觉中，讨论的话题就变成了是否有必要做雨棚，意见分为两派。一派认为不必弄雨棚，既然要让大熊猫适应自然环境，就不能用太多人工的东西；另一派认为，这个环境不是纯粹的野外，大熊猫没有足够的选择，只能人为创造环境。

最终，还是少数服从多数，请工人做一个结实的木棚放到圈里面，尽量不破坏既有的环境。

重新做的简易木棚

母子俩愿意在下面躲雨就躲，不愿意就算了。

还好，"草草"没有表现出破坏木棚的行为。

户外 艰难抉择

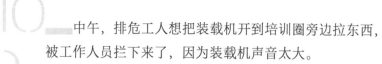

中午，排危工人想把装载机开到培训圈旁边拉东西，被工作人员拦下来了，因为装载机声音太大。

排危现场又很快就传来切割、打磨的刺耳的声音，让"草草"深感不安，长时间抱着幼仔不放。

"草草"有两次较长时间的离开监控范围。值班人员四处寻找，发现它躲在另一端的角落里，这是远离噪声源的地看来它也很讨厌这种声音。

下午，沉寂了许多天的手机信号恢复了，一下子弹出20多条短信。

"草草"抱着幼仔

持续几天跟雨棚作斗争，让"草草"无心吃竹子。

蜷缩了一上午的它终于排出一团黏液。

大熊猫的消化道会分泌黏液，紧紧裹住每一口咽下去的竹子。有了黏液的润滑，消化道才不被尖锐的竹子刺伤，竹子粪团在肠道中的下行也才更顺滑。如果吃竹子的量少，相对过量的黏液就会凝结成团，导致大熊猫不适，最终由消化道排出。这个过程叫做"排黏"，这不是疾病，只是一种生理现象。

到了下午，它就满血复活，精神大振，等候多时的工作人员赶紧递上新鲜竹子。

谁料它对用来做遮挡的陈旧竹子更感兴趣，吃了很久。

不禁让人想起以前"祥祥"有一段时间也爱吃这种半枯的竹子。

昨天幼仔体重就已经达到 2080 克了，长得真是快！
变得快的还有天气。白天还晴空万里，下午就风云突变，
晚上又暴雨倾盆，当地人俗称"起小天"。

"草草"依旧和幼仔待在雨棚下面，对其他
能遮风避雨的东西视而不见。

22：00，值班室里的工作人员听见外面有很吵的声音，
像是什么机器的轰鸣，夹杂着雨声跟河水声又听不清具体是什
工作人员打着手电循声走去，看到黑夜中一个高大的影子
瞪着亮晃晃的眼睛正喘着粗气抓地上的东西。

当晚被装载机压坏的路边排水沟

再仔细看，原来是排危工人正在用装载机收拾工具、机器，
装载机头顶的两盏大灯让它看起来宛如变形金刚一般。
值班人员也不知道这么大一台机器是什么时候出现的。
装载机距离"草草"可能也就二十米远。这个动静可太大了！
值班人员顾不上礼貌，晃动着手电朝操作员喊："覅（biáo）整
出切！！"（"不要整了，出去！！"）

对方还真听话，很快把装载机开出去了。

关于人如何接近幼仔，人们很早就有了一个想法，
那就是人穿着大熊猫样子的衣服，不让幼仔看到人的模样。

随着幼仔双眼的慢慢睁开，视觉也会逐渐形成，
对周围环境有更直接的感觉。好在听说衣服已经做好，
过几天就带进来。所有人都很期待，那是什么样子的衣服，
穿上什么感觉。

中午，一位女工作人员打着伞通过便道时，
山上突然发生垮塌，好几块石头从山上飞下，
砸在她旁边的钢管上。由于害怕，她完全不敢往山上看，
只顾拼命往前冲。站在便道两头的同事对整个情况看得一清二楚，
一个个替她紧张得要死，还好她最后毫发无伤。

到核桃坪快两个月了，大家也该轮换着休假，调整一下了
但是从映秀出去的路还没通，如果从小金这边绕出去，
来回路上就要接近两天时间，又费时间又辛苦。

中午时分，大家突然发现排危工人全部走了。
难道工作结束了？那块大石头还在山上啊！

本来人就比较少的核桃坪，现在更为冷清，
好在有几只大熊猫作伴。下午，"草草"叼着幼仔往高处去了。

野化放归阶段

大熊猫伪装服到了，所有人都觉得很新奇。
穿戴都不算很麻烦，但是衣服上的纤维比较长，容易掉落，
有鼻炎的人估计穿不了这衣服。

上个月底，值班室的墙上多了一幅"钟馗捉鬼"的画。
画面上，钟馗面目狰狞，一只脚踩着小鬼，显得小鬼很凄惨。
据说这幅画是用来给值夜班的人员壮胆，
让他们在晚上更有安全感。

今天，这幅画还是被取下来了，原因是画得有点吓人，
半夜三更看到感觉更恐怖。

户外 艰难抉择

这两天太阳总是羞涩地躲在云层之间，天空也忽亮忽暗。

20：00，值班人员发现监控屏幕的角落上闪过一个什么东仔细一看，好像是一只果子狸。果子狸和大熊猫相距也就八九米远，那一扭一扭的修长身材，不由得让人想起《天书奇谭》里面那只狐狸。虽然没有对大熊猫造成什么威胁，但是圈里面出现这玩意儿总让人觉得不放心。

万一果子狸对幼仔发动袭击，幼仔的安全受到威胁，也就一秒钟的事情，坐在值班室的人可是来不及反应。

工作人员赶紧去巡查，走过去却什么也没发现。

野化培训阶段

上午，工作人员准备用人海战术把果子狸从圈里面赶出去，但仔细想想发现这招不行。因为果子狸会挖洞，一有危险就钻进洞里去。人再多也不可能钻洞里去，也就不能把它怎么样。而且果子狸应该早就生活在圈里面了，这样看来反而是大熊猫入侵了它的领地。那现在到底是和平相处还是针锋相对？

看着"草草"那与世无争的样子，工作人员认为还是稳妥一点好，最好的办法是活捉果子狸。

没那么简单，先要找一个大一点的铁笼子，给果子狸设下陷阱。

2010
09
17

天放晴了，"草草"也带着幼仔告别了雨棚，
转移到位置更高的草丛中躲着去了，远远地只露出一个脑袋。
22：00，雨下了起来，躲在草丛中的"草草"
在高大的灌丛掩护下，成功地在监控屏幕上隐身了。
值班人员不得不每隔一小时，拿上手电进圈去现场查看。
一不小心，手或腿就会挨到灌丛里的活麻（蝎子草），
那火辣辣的感觉让人整晚都不困倦！

躲在草丛中的"草草"

　　对付果子狸的武器终于到了，
是一个用来抓捕老鼠的铁笼子。
　　工作人员先检查了笼子的各个地方，加固了门和拐角处，
然后就把烤过的肉放在机关上，笼子就准备好了。
笼网编得很密实，"草草"接触不到里面的肉，也不会伤到它，
应该还比较安全。
　　工作人员把笼子放进圈里面，等着果子狸自投罗网。
晚上值班需要更细心了，随时注意果子狸的活动。

工作人员准备把设置好的抓捕笼放进圈

户外　艰难抉择

前天工作人员看到幼仔已经可以使用前肢爬动。

可惜当时没带相机，摄像头也没拍到。

今天，工作人员特意带上相机，悄悄接近草丛中的母子俩。

很好，幼仔自己移动到"草草"的腹部，正在吃奶。

它已经不需要母亲随时抱着它了。

幼仔趴在母亲身上吃奶

野化阶段

今天幼仔的体重已经有 3350 克，体长有 30 厘米。

比起刚出生的时候，已经大了不止一圈。

抓捕笼一直没有动静，之前出现的果子狸似乎神奇地消失了。

户外 艰难抉择

　　隔两三天就值一次夜班的滋味真不好受。虽然第二天上午可以休息，但是睡眠不是想补就能补的，往往是越疲倦越睡不
　　长期值夜班会导致体内流失大量维生素和微量元素，从而让人失去精神，失去光彩。有些人喜欢值完班把失去的睡补回来。而有些人不这样做，他们认为补了睡眠，反而会打乱生物钟，影响接下来的睡眠。部分年轻人更喜欢用含咖啡因的饮料刺激自己，让自己强打精神。
值完班回到房间，打开 29 寸的老式电视机，坐进破烂得发霉沙发里，凳子上的杯子端起来就喝，哪怕是隔夜的茶也要喝出高贵的感觉，一边喝一边看新闻："成都的地铁都开通啥时候我也去坐一下……"
　　山里待久了，就怕被世界遗忘。

一个月以前的场景再次上演。

1：50，幼仔虽然挨着母亲的身体，但完全暴露在大雨中。一分钟后，"草草"离开了，幼仔又独自面对黑暗和大雨。三个半小时以后，雨渐渐停下，"草草"也回到了幼仔身边，将它一把抱起，然后用舔舐的方式安抚幼仔。几分钟后，幼仔贴着"草草"的腹部又睡了。

这一次，值班人员不再那么紧张了。

清晨，温度计显示只有 8℃，山上的树叶已经慢慢开始变色了。翻翻日历，今天是寒露。过了寒露，天气就会越来越凉。根据往年的观察，最早在 10 月中旬，关门沟的高山顶上就会有雪。

"草草"和幼仔的情况逐渐稳定，现在工作人员需要考虑接下来的两件事情：给山上的培训圈安装监控、让大熊猫和人都习惯伪装服。

行为学教授给大家讲解大熊猫行为

野化B阶段

哺育幼仔不仅是一件辛苦事情，巨大的压力还会让母兽
变得极为敏感，环境的改变或预感到任何威胁，
母兽都会焦躁不安，最常见的表现就是叼着幼仔走动。
虽然幼仔已经睁了眼，但视力还不行，
紧张的它不知道会被母亲带到哪里去。

16：00，不知什么原因又让"草草"心烦了，
它又转移地方了。

工作人员站在圈外阶梯上，看着"草草"叼着幼仔在雨中
四处走动，可怜的幼仔无助地被母亲叼着，身体就在地面拖着。

"草"带着幼仔转移

它的转移很简单，摄像机的摆放就麻烦了。
三脚架已经被弄坏，摄像机只能像壁虎一样贴在树干上、
竹子上甚至围墙上，再盖上一顶巨大的遮阳伞，风雨不惧。

户外 艰难抉择

才过了两天，刚布置好的摄像机就又要移动，
因为"草草"又挪窝了。

这次，母子俩转移到了靠近围墙的排水沟里面。
不管怎么选，工作人员都很难找到一个摄像机能拍到的角度。
无奈之下，只好采用人工监测，尽量站在圈边上看着它。

第二天，工作人员先引开了"草草"，然后近距离查看，
试图想了解它频繁转移的原因，可是依然看不出任何问题。

野化阶段

枫叶在清晨的微凉中慢慢变红，标志着冬天越来越近。

幼仔已经到 74 日龄了，现在的体重是出生时的 16 倍。
它不再需要时刻处于母亲的襁褓中，开始有了一点独立能力。
短短几天，母亲就带着它在圈里面转移了多次。今天，
母亲又叼着它从排水沟转移到草丛中了。

凌晨 1：00，一个鬼魅般的黑影在屏幕上闪过。
值班人员马上意识到：是果子狸出现了。此时，"草草"正趴在
草丛中的一个较高位置休息，而幼仔在它的下坡位，
相距大概两三米远。此时的"草草"很可能在睡觉，
对于果子狸的出现还毫无知觉。
在监控屏幕上，果子狸的两只眼睛像小灯泡一样发亮，
鬼鬼祟祟地就朝着"草草"来了。由于角度重叠，
无法判断"草草"和果子狸的距离。
这让值班人员开始紧张。因为幼仔可能更靠近果子狸，
而大熊猫的动作慢得多，"草草"完全追不上果子狸。
一旦果子狸对幼仔发动突然袭击，弱小的幼仔很可能成为
果子狸的一顿"宵夜"。值班人员飙升的肾上腺素让手和腿
不由自主地开始发抖，心里咚咚咚地跳，
仿佛战斗的鼓点越敲越响。此时的他已经开始思考该从哪个地方
跳下去了，剧情却朝着意想不到的方向发展。

15 分 53 秒，果子狸朝着"草草"走过来，走到一棵树下。
15 分 59 秒，"草草"抬起了头，看着果子狸的方向。
而果子狸似乎没有发现它前方趴着一只"巨兽"，
仍然往前移动脚步，两只眼睛在红外监控下烁烁发光。1 秒钟后，
"草草"猛地朝果子狸扑过去，果子狸的身影飞一般地
从画面上消失了。"草草"似乎很有经验，追出两步之后就停下，
避开了果子狸有可能实施的"调虎离山"之计。
在果子狸经过的地方来回嗅闻几遍之后，"草草"回到幼仔身边，
给予幼仔及时的安抚。

前后短短几十秒钟，却如同一场紧张的遭遇战，

户外 艰难抉择

让屏幕前的值班人员一时半会儿仍心有余悸。

━━经历了那一晚的值班人员回忆说：“我当时真的准备要跳进
了！感觉就像我小时候第一次打群架，太紧张了。

不过没想到，那么温顺的熊猫，保护幼仔又那么尽责，不可思议。

看"草草"追击果子狸

雨夜丢下幼仔的淡定、面对果子狸的果敢，
"草草"和幼仔的表现不仅让工作人员吃惊不已，
而且大大超出了人们对大熊猫的认知范围。这让所有工作人员
都逐渐变得谦虚起来，甚至有点心怀敬意。回顾以前对大熊猫的
种种认识、判断、包括预测，感觉自己懂的还很不够，
因为这个古老的物种不知还隐藏了多少秘密。

下午，幼仔体重达到了 4150 克。称完体重，
它似乎想站起来，摇摇晃晃没成功。它会在未来哪天给人们一个
惊喜？惊喜还没来，河对岸的黑松林传来猕猴群的叫声，
先给了"草草"一个惊吓。

伪装服的纤维让穿着的工作人员鼻子很痒，一直打喷嚏。
看来材质要改进，总打喷嚏人受不了，大熊猫也受不了。

户外 艰难抉择

幼仔正处在学步的阶段，和母亲的距离也慢慢拉开了。虽然胖胖的肚子还不能完全离开地面，但能够摇摇晃晃地挪着往前移动了。现在的它，很少待在母亲怀里，大部分时候，只需要挨着母亲的身体，感受到体温和呼吸就够了。

现在回想起来，"草草"之前频繁更换地点的原因可能跟果子狸有关。估计受到惊吓以后，果子狸一时半会儿不会再来骚扰母子俩，所以这一点稍微又让人放心了。

不光果子狸消失了，连小松鼠也不敢太靠近它们，毕竟两百多斤的威慑力就摆在那里，足以让很多小动物有所忌

挨在一起的母子俩，睡觉姿势也一样

安装监控的技术人员来了，将花一段时间在山上的小培训圈里忙碌，赶在"草草"母子俩进圈之前完成所有布设、安装工作。

这里以前是"祥祥"的培训场所。那个时候没有监控，每天由工作人员陪在"祥祥"身边进行观察。现在新的培训就不能再重复以前的方式，必须要用机器代替人，否则最后又会走上以前的老路。

其实早在"草草"产仔前，工作人员就确定了监控的安装位置。

一只果子狸出现在围墙上，这是人们最后一次见到它

除了竹林、大树、草丛和空地，围栏也属于重点监控对象。因为一旦围栏受损，母子俩跑出去的可能性就很大。

要在茫茫林海找回它们谈何容易！用监控留下事发的影像资料，不仅能为追捕提供参考，也能知道围栏的损坏详情。

户外 艰难抉择

这几天天气还不错，没下雨。安装监控的人忙碌的同时，工作人员就清理培训圈里的竹子，整理出几条小径。

在"祥祥"的培训结束之后，这个圈就一直处于闲置状态，任由竹子自由生长。六七年过去了，以前的小路已经被密密麻麻的竹子完全封住了。如果不清理，人员和大熊猫在里面都无法通行。

清理工作完成，工作人员居然还在枯木桩上发现了一些可以吃的菌子。

拐棍竹（*Fargesia robusta*）是大熊猫的主食竹种之一，在卧龙地区分布很广。要通太过稠密的竹林非常困难，所以大熊猫几乎不会在密度大的拐棍竹林中活动。

野化阶段

随着天气逐渐转凉，雨水也变少，这让监控安装工作变得很顺利。为了珍惜这样的好天气，技术人员和工人连午饭都来不及下山吃，每人包里装两个馒头、一包榨菜、一瓶矿泉水就当是午饭了。所有的工作都是按照制定好的计划进行，接线、组装、立杆、调试……每个环节都有条不紊。

目前"草草"吃的竹子全部是白夹竹，是从卧龙当地老百姓的地里买的。为了让"草草"提前习惯口味的改变，工作人员决定每周两次，从核桃坪山上去采伐一些拐棍竹下来让它吃。

合作完成立杆工作

户外 艰难抉择

经过连续不断的努力，培训圈的监控安装工作完成。

所有的监控分为枪机和球机。枪机只能靠手动进行调节，安装在培训圈围栏上面；而球机搭载了云台，可以远程大幅度转动，安装在圈里面。有了监控，人眼就有了替代，可以实现远程观察，而不再需要守在大熊猫身边，最大限度减少对它们的干扰。

短短一周工作就完成了，工作人员都在惊呼："你们这个进太快了！"安装监控的这群人却说："你们这里蚂蟥太多了！"来之前他们并不知道圈里面有蚂蟥，也没人告诉他们

安好的监控摄像头

需要做防范措施，他们直接就走进去了……圈里的蚂蟥可能好几年都没进食了，现在终于等来了一群热血青年。在蚂蟥看来，这群没有防范的人相当于是全裸着进来的。对蚂蟥来说，这是一次热血狂欢。

野化阶段

工作人员今天要穿上伪装服给幼仔做体检。

哇，它已经 6250 克了！提起来都有沉甸甸的感觉，
完全是一个小伙子了。不过小伙子明显很紧张，
工作人员感觉它全身僵硬。它闻到了熟悉的气味，
那是工作人员事先涂抹的"草草"的粪便，
就是为了安抚它的情绪。

母亲的气味还是不能安抚它的惶恐和不安，
毕竟面前站的不是自己的母亲。它不知道身边这两个"怪物"
想干什么，它更反感几只手在他身上摸来摸去，这让它很屈辱。

为乳牙　　　　　　　　　　　　　　测量幼仔的体尺

但它毫无办法，只能瞪着双眼、咬紧牙关坚持着，一声不吭。

不张嘴，不代表嘴张不开。工作人员小心翼翼地
掰开幼仔的上下颚，看到一对白色的乳牙已经冒出来了。

圈养为发育

乳牙出现时间

野化培训幼仔"淘淘"

92 日龄

圈养幼仔

75 ~ 90 日龄

野生大熊猫幼仔

75 ~ 92 日龄

昨天的体检让幼仔感觉不舒服，巨大的"怪物"
让它心生恐惧，而这正是工作人员想看到的效果。

但是，对于"草草"而言，它是不能对伪装服有恐惧的，
工作人员需要它适应、习惯，最终能接受，
因为它是工作人员和幼仔之间的桥梁。它不能接受伪装服的话
有可能对穿伪装服的工作人员发起攻击。

此时，"草草"正趴在一棵倒树上休息。远处，
一位装扮成"大熊猫"的工作人员拿着竹笋慢慢接近它，
另外两只"大熊猫"抱着更多的竹笋在后面接应。
"草草"听到动静就坐起身来，警惕地望着面前三个怪模怪样
家伙，这是它第一次看到伪装服。

为了避免过分刺激到"草草"，领头的"大熊猫"
赶紧递上一支竹笋。可口的食物缓和了气氛，
也让"草草"在进食的过程中慢慢熟悉伪装服。
工作人员不停地和它说话，也让它慢慢了解：
这都是平时熟悉的人，只是换了外包装而已。

野化阶段

工作人员一边打招呼一边接近"草草"

户外 艰难抉择

星期日，今天立冬。山上很多树叶都掉了，
皮条河的水也少了，整个核桃坪显得有些萧条。

中午，所有人聚在一起开会，总结伪装服的问题，
每个穿过伪装衣服的人都要发言。首先就是衣服不透气，
这是所有人的第一感受。哪怕是冬天，
穿 10 分钟也热得满头大汗；还有就是衣服太庞大，
穿上以后人的动作变得极不灵活，简单的事情都做得很费劲；
而且这种材质在淋湿后会吸水，变得很重，
非常不利于在林子里活动。

讨论结束后，工作人员穿着伪装服合影

最后有人说出了伪装服最大的问题：头套做得太卡通，
两只眼睛分得太开，比人的眼间距大太多，里面的人视线受阻，
行走过程中只能从头套左眼或右眼观察环境，
是一个比较大的安全隐患。
怪不得穿上伪装服，整个人就是歪着头在行走，看起怪

今天幼仔好像自己走了几步，但值班人员不确定，
也没有留下影像资料。因为监控没有拍到，
摄像机的线昨天被"草草"咬断，还未修复。

20：00，大家正在二楼会议室听关于统计分析的讲座，
一阵汽车轰鸣打破了寂静。探头一看，一辆越野车停在门口，
从车牌上看，是内蒙古的车。怎么回事？问路，还是借宿？
原来，这是来自内蒙古的一家人自驾旅行。
他们很早就知道卧龙保护区，一直觉得这里的大熊猫
跟动物园的不一样。这次专门自驾过来，就想看看卧龙的大熊猫
是什么样。从内蒙古开过来，这一路不知道要开多久。
看着他们疲惫而又真诚的脸，大家一时间真不忍心拒绝他们。
"不好意思，知道你们下班了，我们能进去看一会儿吗？
我们确实从很远来的。""这里……没法看，山边上经常都会
掉石头。""我们就看五分钟，行吗？""……"
工作人员只好把真实情况告诉他们：这里目前是野化培训，
是带有实验性质的一项工作，里面的大熊猫少，
也不是用来参观的；另外，确实很危险。万一掉石头砸着人，
就很不好。

虽然都是客观原因，但大家觉得自己很对不起远方来的客人，
想留他们吃晚饭，可食堂也没什么吃的了。
听完工作人员的解释，虽然他们不明白野化培训是什么，
但也表示理解，不再说什么，只是满怀失落地上了车。

"新的大熊猫基地几年后会建成，到时候欢迎你们……"
车子开走了，没说完的话在空气中很快就飘散了。

行为发育
走动时间
野化培训幼仔"淘淘"
99 日龄
圈养幼仔
100 ~ 120 日龄
野生大熊猫幼仔
90 ~ 130 日龄

户外 艰难抉择

天气越来越冷，早晨起来已经能看到远处山顶的白雪。
但没人欣赏清晨的景色，过几天会有一个评审会议，
要对于"草草"和幼仔这段时间的情况进行评估。这次的评审
专门邀请了胡锦矗教授（1929年3月24日—2023年2月16
考虑到胡教授已经八十多岁高龄，到山上去查看培训圈
可能体力难以维持，两位年轻的工作人员自告奋勇地
充当"左右护法"，要全程护送老人家上山，
在老人家走不动的时候用自己的肩膀托起老人家的身躯。
提前三天，两位"护法"就开始寻找粗细合适、

"草草"每天都会抱着幼仔亲了又亲，不管幼仔是否愿意

手感温润的竹竿，要为胡教授削一副拐杖。两人还想好了，
路上设三处休息点，连可以坐的平坦石头都找好了，
就为了让老人家可以走得不那么辛苦。
所有人都在为这次评审会做着准备，唯恐考虑不周全。
"草草"这边，被它咬坏的摄像机线重新接好了，
它却又搬到了一个更陡峭的地方。不过还好，
圈外的监控摄像头能远远地拍到它。

野化初介段

评审会的专家来了，胡锦矗教授也到了，
在一群人中他显得格外神采奕奕。走在雪后的山路上，
对他来说似乎是稀松平常的事，一边说着话，
一边健步如飞地上去了。

专家们看完了培训圈，随即又下山回到了核桃坪。
这时，工作人员才发现胡教授身边并没人护送。寻问缘由，
胡教授笑答："这么好走的路，要什么拐杖哦！
他们两个小伙子还没我走得快……"
轻松的神态仿佛只是在小区散步，完全看不出是八十多岁的人。
这让所有人佩服得五体投地。

08:30，温度计显示只有6℃，雪落下来之前感觉非常冷。
完工作，大家都喜欢围着电炉，慢慢解冻自己的双手。

"草草"选的这个位置很干燥，不会积水。看起来很陡，
其实是一个很平坦的地方，足够母子俩睡觉。当然，
"草草"不会让幼仔睡在外面，一般都是用自己的身体挡着，
幼仔无论怎么也滚不下去，"逃不出它的掌控"。

对幼仔来说，母亲就是全部

野化13介阶段

幼仔现在已经完全能用前肢撑起自己的头部了。
只是还不能自如地走动，它需要的是时间和练习。
母亲睡着了，幼仔就扶着母亲的背，左右移动，
强化自己的后肢力量，如同正在学步的小孩子。地方虽小，
但挡不住它练习走路的热情。

母亲身体学步的幼仔

初冬的雨，比夏天的雨温柔，但却凉了很多。

"草草"自顾自地在地上睡着，它似乎知道幼仔的身体已经足以抵御外界的温度，无需它再操心。

而幼仔却在母亲旁边找到一个小洞，正好可以躲在里面。虽然洞比较小，不能完全钻进去，但至少可以挡住身体，不用直接面对雨水。幼仔现在毛茸茸的，移动不快，咬人也不这个阶段是最可爱、最好玩的。看着它每天蹒跚学步的样子，工作人员真想把它抱着好好摸摸。

可是，这个想法和工作要求是恰恰相反的，

幼仔钻进一个小石洞睡觉，躲开了雨水

野化培训要求的就是不能多接触，尤其不能让幼仔习惯人的声音、气味。

时间，在斗转星移的渐渐变化中不知不觉地流逝，幼仔都已经四个月大了。

野化阶段

　　一位工作人员感冒了，中午的时候他还准备上山去给"草草"砍竹子。其余人都说不用了，上一次砍的竹子都还没吃完，可他还是执意要去。没办法，只好再找两人跟他一起。

　　路上两人问他感冒了还去干啥？他说上山砍了竹子，可以出一身大汗，那样更有利于战胜感冒。既能给"草草"砍竹子，又能不吃药治好感冒，何乐而不为呢？

中午，核桃坪终于迎来了阳光的照射，枯黄的草丛里出现了一个不甘寂寞的小身影：幼仔独自站在一棵麦吊云杉下似乎想要爬上去。母亲并不在身边，幼仔像个小孩子一样绕着树转圈，就像在寻找突破口。对于树梢顶端那个树杈，它已经设想过无数次能爬到那里。那是它能到的最高的地方，在那里能尝到云朵的味道，能抓到彩虹的尾巴，能看到天边的尽头……这是它的理想。这个理想不仅来源于生高于生活，而且这个理想还能让它俯瞰生活了近半年的地方到长什么样子。幼仔绕着树干向上观望了一阵，

幼仔站在树下，准备往上爬

然后抓着树干就向上攀登。

此时的它迫不及待地想要达到心目中理想的高度，谁也无法阻止它了！但还是太过年轻，缺乏经验的它忽略了一个重点：它的肌肉力量虽然增强了，但自身体重也在同步增经过几次快速地攀登，幼仔发现自己爬了还不到一米高，而此时的体力已经消耗了一大半。往上，似乎已经爬不动了；

往下，面子上过不去……天性要强的幼仔就在树干上趴着，进退两难。一分钟后，终于掉了下来。浑身蓬松的毛发和地面的软草让它像个肉团子一样在地上弹了一下，毫发无伤，它很快又站了起来。

回到值班室，值班人员在记录本上写下："132 日龄，开始尝试爬树。"

行为发育

攀爬时间

野化培训幼仔"淘淘"

132 日龄

圈养幼仔

80 ~ 180 日龄

野生大熊猫幼仔

100 ~ 180 日龄

幼仔只需要几天的锻炼，就可以爬上树了。

工作人员很想拍下幼仔第一次爬树的影像，但不能打扰到它。

所以，只能在圈外悄悄接近，不发出一点声音。然后把相机镜

从灌丛中悄悄伸出去，屏住呼吸，等待时机。

　　拍动物往往就是这样，带着相机想拍的时候，

幼仔却并不想爬树。它当然有资格不配合，

生下来就和其他圈养幼仔不同，

没有享受过舒适的空调房，没有享受过饲养员的嘘寒问暖。

接受野化培训的它只能和母亲一起风餐露宿，

陪伴它的只有日月星辰、天空大地。

　　但这并不妨碍它对世界的好奇。此刻，

幼仔看到一支枯萎的草茎搭在母亲身上，它充满了兴趣。

一株小草、一片叶子、一颗石头，它都会用牙齿咬一咬，

或许和人类的小孩一样，萌牙就是"牙痒痒"的过程，

也是它们探索世界的一种方式。

　　在几天前的体检中，工作人员已经发现了它新冒出的乳牙

这是生长发育过程中很重要的节点。

　　这个阶段的幸福，就是不管遇到什么都可以咬一口。

08：10，气温 -3℃。远处的关门沟披上了雪装，在清晨阳光下反射出粉红的光。这是今年第一场真正的雪，整个核桃坪都白了。

"草草"专心吃竹子的时候，幼仔开始了它的冒险之旅，现在的它走动已经比较自如了，对周围环境的一切都还很好奇。对于它来说，大自然就是一本教科书，需要亲自去尝试、触摸，需要不断翻阅才能学到其中的知识。

空气比平时要冷一些，天空还飞舞着雪花。漫天的雪花让幼仔很兴奋，它终于知道，从天而降的不光有恼人的雨滴，

的山顶最先迎接清晨第一缕阳光

也有精灵般的雪片。今天的雪厚度正好。太浅，玩得不过瘾；太深，会让行动艰难。大地似乎已经成了一个纯白的舞台，等待着步入其中的表演者。

幼仔用鼻尖轻轻地触碰身边的雪花，雪花融化了。它以为是自己不小心让玩伴离开了，它的动作开始愈发小心翼翼起来，唯恐吹散了身边所有的雪片。

户外 艰难抉择

后来，它找到一个由倒伏的灌丛形成的洞。它一会儿躲在里面，一会儿又探出头来，似乎把这片灌草丛当成了自己的小天地，简单的快乐让它乐此不疲。

自由自在地感受春夏秋冬，也是一种幸福。

幼仔躲在雪地草丛中玩耍

根据计划，在下一阶段的培训中，"草草"需要佩戴无线电颈圈。那一斤多重的颈圈挂在脖子上不舒服，所以工作人员要让它提前适应。

峡谷里面的光照不够好。10：00，阳光还没照射到核桃坪，地上的白霜还在。工作人员用竹笋让"草草"坐下来，准备用一根白绳子让它先适应脖子上的异物感。所有的脱敏训练都要按照循序渐进的原则进行。也许是平时不常见的白绳子让它紧张了，工作人员发现它的下肢一直在发抖，两只前爪却抓着笋子舍不得丢掉。工作人员只好一边跟它说话，一边抚摸它，慢慢平复它的情绪。

下午，工作人员把白绳子换成了跟颈圈差不多宽的皮带，又给"草草"试了一次，它不再发抖，也没有对脖子上的东西表现出反感。

真的颈圈戴上以后，"草草"依旧气定神闲地吃着竹笋，丝毫不理会自己脖子上多了一个东西。看来它对颈圈的接受程度比想象得要好。

工作人员测试颈圈的松紧程度

幼仔爬上了树，这个巨大的进步让所有人觉得欣慰。

查了所有的监控画面，都没发现幼仔的踪迹。

工作人员直接来到圈外巡视，搜寻了很久才发现幼仔

爬到了一棵麦吊云杉上，离地大概有 1.8 米高。

看得出来幼仔比较紧张，前爪紧紧地抓着树皮，

整个身体贴在树干上一动不动，眼睛不时地往左右瞄。

对大熊猫来讲，能爬上去不算什么，最重要的是自己能

顺利地下来。否则只是一张单程车票，没什么意义。

很多圈养的大熊猫幼仔刚开始爬树的时候，都不会下树。

有的幼仔会在树上调一个方向，想头朝下，结果很快就掉下来了；

有的不敢掉头，抱着树干惊声尖叫求帮助。

现在看来，这个幼仔也遇到了同样的状况。

它所在位置的地面，是干枯的黄草，没有什么尖利或坚硬的东西，

掉下来也没事。

看幼仔爬树

户外 艰难抉择

对于大熊猫而言，爬树是必须掌握的一门重要生存技能。
在野外，快速爬高是躲避危险最直接、最有效的方式，
对幼仔或亚成体而言，可以大大增加存活的机率。

工作人员没有拍到前天在树上进退两难的幼仔
最后是如何下来的，大概率是自己摔下来的。
不知道是不是摔痛了，昨天一整天没见它练习爬树。"这可不行
要越挫越勇！"一位工作人员认为幼仔和小孩一样，要多锻炼
才能尽快突破爬树的瓶颈。可能"草草"也这么想。
16∶00，它把幼仔叼着来到一棵野核桃树下。

拖起来锻炼

意思很直白，它就是要幼仔爬上去。
看来"草草"是要亲自训练幼仔爬树了。而一分钟前
还在打瞌睡的幼仔根本没有弄明白是怎么一回事，
精神状态完全是懵的。

也许是幼仔现在清醒了，亦或者是"草草"对它说了一些
只有它们之间才能懂的暗语。幼仔开始全神贯注起来，
前爪紧紧扣住树干，双脚离地，开始了向上攀爬的第一步。
而"草草"就站在旁边，像体操教练一样
用前肢搂着未来的"体操冠军"。
躲在角落里观察的工作人员还在猜测幼仔能爬多高，
"草草"就开始用嘴和前爪向下扯幼仔，让它回到地面。
而幼仔只爬了大约一米高。
但幼仔对母亲粗鲁的行为有点不高兴，还挣扎着往上爬，
想爬到树顶，在母亲面前表现一下。但它终究抵不过

野化阶段

母亲有力的臂膀，很快它就跌跌撞撞地回到了地面。
回到起点，幼仔抱着树干愣了几秒钟，不知道它是不是
对刚才发生的一切有所感悟。

"草草"搂着幼仔，鼓励它勇敢去练习

今天一早，工作人员收到一条消息：上次穿伪装服的工作人员被评为"年度最佳照片"。

这是所有人都没想到的。对大家来说，这是再熟悉不过的场景，再平常不过的工作内容，却成了"年度最佳照片"。

照片附带的说明是这样写的："照片中这个人看上去似乎是一个乔装打扮，专抓大熊猫的恶人，但其实他们却是这世上最热爱大熊猫的人……"

看得大家哈哈大笑。

饲养员乔装大熊猫

经过几天的训练，幼仔已经能上能下，技术还算熟练。
可以一口气爬到七八米高的树杈上，一待就是几个小时。
这个阶段的幼仔除了吃奶，其余时候已经很少
依偎在母亲怀里撒娇。世界很大，多经历、多看看，它才能长大。
如今它学会了爬树，脱离了母亲的怀抱，
投入了大自然的怀抱，虽然不够温暖，却让眼界豁然开朗。

相间的毛发，让躲在枝叶间的幼仔很容易被发现

户外 艰难抉择

幼仔学会了爬树，本是一件让人觉得高兴的事。

但工作人员还没来得及庆祝，就发现这好像又是个问题。

到了下午下班，幼仔还在树上，似乎一整天都没下过树。

回看监控，工作人员发现幼仔在昨天上午 9：00 就已经爬上树

算下来到现在已经在树上呆了 33 个小时，中途没有下树。

同时期的圈养幼仔没有条件爬树，也没有这么长时间

不吃奶的。大家还是第一次遇到这种情况，

都觉得奇怪："这么长时间，它不饿吗？"

好几米高的地方，人没办法爬上去，也不可能把树砍倒。

既然幼仔已经掌握了上、下树的技能，就只能等它自己饿了下

没办法，只能等待。

野化阶段

　　幼仔终于下树了！它赶到母亲怀里吃了奶，
又匆匆回到树上，前后只有几分钟时间，好像很着急。
工作人员一看时间，21：45。从前天到现在，幼仔在树上
硬生生呆了 60 个小时！也就是两天半的时间。

　　所有人都傻了：天呐，这么长时间它都不饿吗？
它的能量消耗怎么这么低？
为什么它下来了又这么着急回树上？……
一系列问题像连环镖一样带着清啸飞出来，
转瞬又消失在寒冷的空气中。

前天开始，就是农历的"三九"。俗话说："三九四九，冻死猪狗。"这段时间没有最冷，只有更冷。

由于幼仔所在的位置居高临下，视线非常好，为了不让幼仔看到人的面孔，工作人员不得不穿好伪装服才能进圈。伪装服让圈里面的工作变得缓慢，本来就冷得缩手缩脚，再把伪装服穿上，行动更为迟缓。

为了了解母幼之间是怎么联系的，到底是母亲把幼仔叫下来的，还是幼仔自己下树找母亲，值班人员不仅要做好记录，也要仔细回看每一个监控的录像。

大熊猫竟然被冻在地上动弹不得的，用脚都踹不动。其中一只"大熊猫"气得转身就走，另一只还在原地尝试

天气非常冷，明天是大寒，而昨天是"四九"的第一天。
这是冬天最难熬的一段时间。早晨推开窗，
冷风可以直接灌进胃里面，浑身凉透。

在核桃坪，冬天的水管都不能关，因为不流动的水
一晚上就会被完全冻住。但幼仔完全不用担心。
它只要从树上下来，母亲就会有温暖的乳汁提供给它。

20：00，值班人员从监控屏幕上看到"草草"坐在树下，仰头望着树顶，那是幼仔所在的一棵麦吊云杉。

夜间的监控画面，去掉了白天能看见的杂乱背景，显得格外清晰。一分钟后，幼仔出现在屏幕中，从树上扭着腰缓缓下来。"草草"依然坐在树下等待，特别像小学门口翘首盼望孩子放学的家长。幼仔很快下来了，直接滑进了母亲的怀抱。不用说，肯定在吃奶。

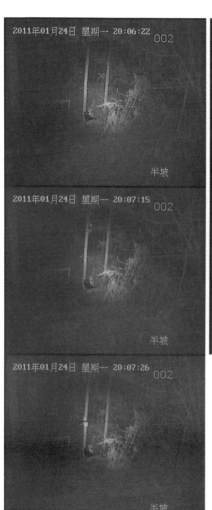
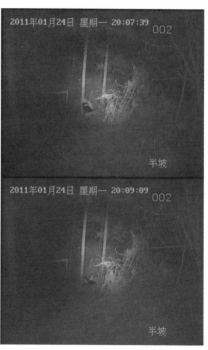

"草草"在树下等待期间仔仔吃奶，监控画面截图

下个月，"草草"就要和幼仔转移到山上去。一同上去的，还有"草草"佩戴的颈圈。现在的颈圈不只发射无线电信号，还加入了定位数据模块和活动数据模块。数据下载到地图上可以显示"草草"每天所在的位置，还能了解它是在休息还是在活动。

培训圈已经修复，监控已经安好，"草草"对拐棍竹的口感也已经适应了，接下来就要让"草草"提前佩戴颈圈。有什么不适应，在上山之前表现出来，才方便工作人员及时处理。工作人员先观察幼仔的位置，然后把"草草"

确定颈圈大小后，工作人员开始紧固螺丝

引到一个幼仔看不到的地方安顿下来，再把一副新的颈圈给"草草"戴上。从现在起，"草草"就要习惯完整颈圈的重量，适应不一样的生活了。

寒冷的风从峡谷刮过，让土地表面愈发干燥，也让核桃坪进入到一年中最干燥的时候。今天是"四九"的最后一天，气温并没有回升，地面依旧铺上了薄薄的一层白霜。幼仔天天躲在树上，对人的接近已经变得非常抗拒。10：00，工作人员抓住了刚刚下树的幼仔，开始给它做体检。工作人员牢牢地抓着幼仔，能明显感觉到它急促的心跳。工作人员根本不敢把它单独放在秤上，只要手一松劲，它就会逃跑爬树。跟那些不想打针、不想上学的小孩一样，它根本不想接受体检。

连人带"猫"一起称重，称完了再把人的重量减去

犬齿明显比上次体检的时候长了

体重 11.6 千克，还行。再看看牙齿，也还不错。

野化放归阶段

快要过年了。大熊猫的口粮必须提前准备好。

春节期间肯定是没人供应竹子的，工作人员必须提前为大熊猫准备好足够的食物。

平时都是由竹子主人直接用拖拉机把新鲜的竹子送到核桃坪。现在才腊月二十四，竹子主人就开始应付各种聚会，忙得几乎没时间管竹子。无奈之下，工作人员只好把车开到竹子地附近，自己动手一刀一刀地砍，一捆一捆地往车上装。为了不引起附近老乡的误会，还要一遍一遍地解释："某某人忙不赢。他喊我们来砍的，我们是核桃坪的，给大熊猫砍竹子……"

呼呼地刮着，像小刀片在脸上轻轻地割。点燃的香烟没吸几口就烧到嘴皮了

户外 艰难抉择

虽然幼仔大多数时间都在树上，但这丝毫没有影响生长发体重和牙齿都很正常，攀爬等活动表现也比同龄的圈养幼仔要这让工作人员很高兴，幼仔的表现说不定还可以给圈养大熊猫的饲养管理开辟新的思路。

同时也让所有人对即将到来的春节满怀希望，一切工作都处于正轨，大家就可以多花点时间把节日的气氛搞得浓郁一点，毕竟这是地震后第一次回到核桃坪过年，而且是集体过年。食堂的厨师开始写菜单，酝酿着春节几天做什么菜，想尽办法给大家搭配可口的食物。

收齐了购物清单，皮卡车再一次踏上采购的征程，其余人就开始琢磨春节怎么过。

野化阶段

皮卡车回来了,带回了物资,带回了幸福。真是神奇的皮卡!
女士们帮着厨师在食堂里处理各种食材,男士们忙着把三楼的
一个房间打扫出来,作为过年期间大家的活动室。

首先装上了暖色调的灯泡,又找来小太阳,解决了房间的
照明和供暖问题;然后把电视信号线接进来,所有人就可以收看
电视节目了;另外,找来两副扑克牌和一盘跳棋,又解决了
一部分人的娱乐需求;最后,摆上糖果和饮料、贴上福字、
挂上灯笼。哇!过年的感觉一下就出来了。

周围山林大部分树叶都掉落了,而寒风继续在山谷间

这是工作人员的住所,也是春节团聚的地方

呼呼地吹着。在寒冷又萧瑟的核桃坪,这红红的灯笼
让人看了觉得内心温暖。

今天是庚寅年的最后一天，也就是除夕。虽然核桃坪
不允许燃放烟花爆竹，但是厨房里面的热气腾腾
让过年的气氛毫不逊色。
大家早早地赶到食堂帮忙。在众人的合力下，
大厨终于用毕生所学给大家呈献了一桌丰盛的年夜饭。
门口的303省道很安静，路上几乎没什么车，
偶尔会有松鼠跳过。人们不愿意到了除夕这天还在路上奔忙，
早就各自待在家里了。大家像抱团取暖的企鹅一样，
围着桌子坐成一圈，把寒冷的空气隔绝在外面，把温暖留在中

先把饭菜给值班的兄弟送过去，回来大家再开席

在举杯祝福中，在欢声笑语中，感觉这是半年来最放松的时刻
吃完饭，大家在装扮得温暖又喜庆的活动室里看电视、
玩扑克，本来准备熬到零点。结果到了23：00，就冷得受不
小太阳的热量根本抵不住从门、窗等各个缝隙钻进来的寒风。
算了，还是各自回房间休息吧，别冻感冒了。

野化阶段

相对于生活区的灯笼、对联、贴福字，河对岸的圈舍
没有一点春节的感觉。大熊猫不过人类的节日，它们对"氛围"
也就没啥要求。对它们而言，每天有竹子吃就可以了。
所以，不管是初一还是十五，工作人员都要一如既往地
准备食物、打扫卫生、清洁消毒、观察记录……
每一个动作在长年的反复练习中已臻化境，没有一丝拖沓，
更没有片刻的犹豫，举重若轻、行云流水，宛如一套拳法招式，
看着简单却不易快速掌握。在这里，时间仿佛变慢，
有进入另外一个世界的错觉。

竹子的工作每天都在重复

没有节假日的喧嚣，也没有压力之下的释放，更不需要强行
"做自己"或者"做回自己"。在这里，只有日复一日、
年复一年的陪伴，一个生命陪伴另一个生命。陪伴很简单，
但是坚持很难。

户外 艰难抉择

春节期间，路上的车辆很少，偶尔有几头黄牛慢悠悠地走让这条路没那么寂寞。

18：00，幼仔从树上悄无声息地下到地面，然后开始到处闲逛

19：00，天色已暗，监控自动转入夜间模式，画面上只剩黑白

20：00，值班人员从 6 号监控画面里面看到幼仔好像在咬竹咬了一会儿又开始咬旁边的树藤。

看来这个小家伙要开始品尝竹子的味道了。

野化阶段

很快，野化工作就要转入到山上的培训圈里面进行。为了熟悉操作，工作人员提前来到小木屋，对监控系统进行一次试运行。

四十支固定枪机和十五支移动云台，所有的摄像头信号都汇集到小木屋里面的硬盘上，每位工作人员都实际操作感受一下。

要熟悉监控操作，更要清楚各个监控头的位置

　　幼仔的名字定了，叫"淘淘"。从此不能再用"幼仔"或者"草草仔"等词语称呼它了。它有了正式的名字，相当于有了身份证。只是工作人员还不习惯，一时改不了口，也有人对没有选上自己起的名字感到失落，对新的名字更不理解，"淘什么淘啊，淘气吗？"

　　上山的时间定了，就在这个月的 20 号。由于"淘淘"还不能以竹子为食，所以"草草"作为最重要的口粮来源，必须跟着上去。

野化阶段

　　现在的"淘淘"爱待在树上，而后天就要上山。
临到头了它如果就躲树上不下来，那只能把人急死。所以，
工作人员提前就在值班室开始"蹲守"，等它下树吃奶。
工作人员决定这次抓捕不穿伪装服，因为在培训过程中
光靠挡着脸是远远不够的。以后到了真正的野外，
"淘淘"会不会接触到人，会接触到什么人，这些是没法控制，
也没法提前预判的。
　　所以在培训阶段虽然要减少它与人的接触，但是也有必要
让它偶尔看到人的面孔，同时还要给它负面的刺激，
让它感到恐惧、害怕，甚至是痛苦，这样它会把这两者联系起来，
很快就知道"人类是危险的，是让我不舒服的"，
它才会主动躲避人类。这叫"负刺激"。

21：30，"淘淘"开始下树，工作人员慢慢靠近，在它吃了奶之后轻松地将它控制住，有人不断提醒：凶点！要凶一点！

一直以来大家对"淘淘"都是彬彬有礼，突然要变得粗鲁负责抓捕的工作人员完全不能适应，无法改变自己早已形成的习惯。刚把"淘淘"关进圈舍，临时又来了一个任务：要给"淘淘"留一个掌印。这下工作人员可以重新凶它一次。印泥拿来了，工作人员深吸一口气，重新走进圈去。

工作人员的手指被"淘淘"的爪子划破了

也没有刻意做什么，抓着"淘淘"的工作人员已经感觉到它的害怕，掌印很快就印下来了，"淘淘"的恐惧也随之结束短短两三分钟的时间，对"淘淘"来说既难受又漫长，它也许在暗暗发誓：以后一定要远离这种直立行走的生物。

山林 潜移默化

然是生活在培训圈里，但对幼仔来说已经足够大。
需要的是在日复一日中从母亲那里学习如何生活，
也是它接触丛林、了解世界的开始。

虽然很冷，工人们还是早早就做好了准备。他们是专门负责抬笼子的，大铁笼子加上大熊猫，接近两百公斤[1]。雪后的山路又湿又滑，工作人员一再给他们强调：慢点无所谓，不要摔倒。这些工人体力非常好，常年的重体力劳作和协同默契，让他们对今天的任务充满信心。他们一边说着话，一边做着固定。

按照预定方案，"草草"和"淘淘"要分开走，"草草"当然是在笼子里，而"淘淘"是坐背篓，靠工作人员背上去。因为抬笼子的队伍走得慢，担心"淘淘"的叫声会引起母亲的不安，所以决定工人们抬着"草草"先走。

湿滑的山路难以发力，而且容易受伤

工作人员用背篓背着"淘淘"上山

一人吃一个烤馒头，算是午餐

[1] 1公斤＝1千克

野化阶段

10：40，抬着"草草"的队伍出发了。一开始，
工人们的步伐还很轻松，觉得这点重量不算什么。
走到大概三分之一路程的时候，在一个回头弯上，"草草"
一个突然的转身，让笼子的重心瞬间改变，后面的工人反应不及，
脚下一滑。旁边的人赶紧顶上去，才避免了笼子掉到地上。
可能是厌倦了狭小的空间，队伍刚转过弯，
"草草"接着又是两个转身，把抬笼子的人晃得东倒西歪。
休息调整之后，只剩最后五十米，队伍重整旗鼓，
大家一鼓作气抬到了圈门口。

"草草"进了圈，负责背"淘淘"的工作人员立刻出发。
相比之下，"背"就比"抬"轻松得多。一路上，"淘淘"
也没有发出声音，很安静地待在背篓里。

当花花绿绿的背篓来到圈门口的时候，"草草"已经走进了
竹林深处。"淘淘"进去后，很快地爬上了一棵树，
雪后的山林和它黑白的颜色混淆在了一起。
待所有人都散去，山林恢复了安静，四位留守的工作人员
回到小木屋，开始做记录。

上午，工作人员来到培训圈外，并没有看到"淘淘"，昨天那棵树上空空如也。为了尽量不惊扰到母子俩，大家暂时不进圈，而是分为两组寻找。一组人绕着圈外面走，边走边看；另一组人在小木屋用监控摄像头寻找，相互之间用对讲机联系。眼睛近视的工作人员此时就遇到了麻稍微远一点的东西看不清楚。不久，圈外的一位工作人员透过密林发现了躲在野核桃树上的"淘淘"，然后通过对讲机不断地指引方位，摄像头才最终锁定了目标。树上的"淘淘"在休息，

在找大熊猫的时候，远视眼的工作人员发挥了很大作

而树下的拐棍竹竹梢左右摇晃，"草草"很可能在那里。

回到小木屋，大家在地图上用字母和数字把整个圈划分为很多个 3×3 的小格子，这样更好定位，也便于互相沟通。

野化阶段

爬到小木屋，已经浑身都是汗。不脱衣服又热，脱了又怕受凉，只能把外套敞开，让多余的热量散发出来，才感觉舒服一点。

休息的时候，几个男人相互欣赏着对方的保暖服装，颜色和样式都千奇百怪：有的领口已经呈花瓣形，秋衣穿成了"老窖"；有的保暖内衣破了洞还舍不得扔，因为买得贵；还有不知哪年开始上身的毛线衣，从上到下用了红色、蓝色、褐色三种线拼接……让人越看越想笑。

"野外工作，不能讲究那么多！"毛衣的主人正气凛然。

无线电频率

接收信号的时候，需要安静地仔细听声音变化

在他的眼里和脑袋里，穿好衣服就等同于贪图享乐。"衣服嘛，暖和就好！"

有年代感的不止衣服，就连颈圈和接收无线电信号的天线，也是几十年前的产物，这种无线电接收机早在 20 世纪 80 年代就被用于野生动物研究了。

无线电定位这项技术非常成熟，虽然不算高科技，但一直沿用至今。原理很简单，就是用天线在三个不同位置接收颈圈发出的无线电信号，以声音最强的方向记录下方位角，三个方位角的直线交汇，就是颈圈也就是大熊猫所在的位置。只不过在实际应用的时候，每次接收的方位角会受到地形等因素的干扰，出现信号反射、折射，误导判断结果。

山林 潜移默化

　　为了在观察的同时减少被"淘淘"看到的机会，
工作人员又把抬笼子的几位工人请上山来，请他们在围栏上边
搭几个用于观察的台子，用竹子遮起来，只留一个小的观察孔
中午，工作人员和工人一起回到小木屋。工作人员用微波炉热
而工人的饭盒是铁的，不能进微波炉，只能放在电炉上加热。
中午饭在山上随便吃上一口，工人都不会吃得太讲究。
一般就是前一晚剩什么菜就带什么菜，比如今天带的
就是昨晚的蒜苗炒腊肉。
　　由于长时间看电脑对视力不好，工作人员的饭菜充分考虑

工作人员忍不住地咽唾沫，却不好意思问工人要腊肉

荤素搭配。虽然同样是剩米饭加剩菜，但蔬菜很多，维生素
含量更高，从营养角度讲完全符合"金字塔结构"。
但最后掀开盖子，工作人员瞬间就不想吃自己带的饭了，
实在太寡淡！闻着腊肉油混合着蒜苗的香气，
工作人员甚至不敢看一眼铁饭盒。终于明白：什么营养搭配、
什么维生素都不重要，上山还是要吃肉！
　　工作人员像喂兔子似的默默地咽下自己的午饭，
心里暗暗发誓："下次一定要多带油荤！"

野化阶段

对大熊猫来讲，要想在野外生存下来，第一件事就是学会"吃"。这个"吃"，包括吃什么样的竹子，吃竹子的什么部位，不同的季节有哪些不同的吃法……

在野外，成年大熊猫虽然少有天敌，但是每天也要考虑如何生存。跟圈养不同，野生大熊猫的食物来源几乎只有竹子，所以它们必须提高对竹子的利用效率，清楚采食哪些部位最能获得营养，而这些都需要从小学习。每到春季，随着气温的回升，拐棍竹笋在山林里逐渐冒出头。由于竹笋的营养和口感都远胜于竹子其他部位，在野生大熊猫看来，这就是美味大餐。

搭建完成的第一个观测台

可惜这样的大餐只出现在春天。而且竹笋生长速度极快，长得越高，口感越差。所以，野生大熊猫在春天会到处寻找竹笋，抓紧时间尽可能地采食相对低矮的新笋。这就是"攥笋"。虽然野生大熊猫在攥笋期的活动消耗多，但是体重仍会增长，毕竟这是每年难得补充营养的机会。

再过一个多月，核桃坪这里的拐棍竹笋就会陆续发起来，到时候看看"淘淘"会有什么表现。

山林 潜移默化

上山到现在，"淘淘"多数时间还是在树上休息，
偶尔会下树吃奶，吃完奶很快又回到树上。它的位置
逐渐越过水沟，向草地的下坡位移动。

由于对陌生空间的不了解，动物个体在进入全新的环境后会表现出恐惧，然后在采
饮水过程中逐渐向四周进行探索。随着活动范围的扩大，经历数月后才能进入到一个稳
的时期。

15：20，工作人员照例要绕着围栏巡视一圈，
在圈的最下方偶遇"草草"，发现它脖子上的毛被颈圈皮带磨掉
仔细查看，才发现颈圈下的皮都快被磨出血了，
工作人员赶紧通知山下准备消炎药，然后把颈圈取下来，
送下山进行改良。

野化阶段

　　工作人员一直想拍到自然状态下的母子俩的活动，
因为监控的画面质量太差，作为资料保存的话
还是希望能用好一点的相机拍出高质量的照片。

　　拍摄野生动物，时机最重要。时机没有出现的话，
不管多顶级的器材、多精湛的技术，遇不到就拍不到。
拍摄大熊猫同样如此。扛着机器转了一天，
也没有发现"淘淘"的踪迹；某一天不带相机，
却能遇到拍摄的大好机会；带着相机快要接近"淘淘"的时候
却不小心踩到枯竹竿，发出"咔"的一声，立即引来了贪吃的
"草草"，应付完"草草"，"淘淘"早已爬回到了树上……

　　在山上拿着几斤重的相机寻找"淘淘"着实是一件体力活。
这还只是野化培训，要拍摄真正的野生动物更加不易。

山林　潜移默化

　　"淘淘"跟随母亲的步伐进入了浓密的拐棍竹林里，这让监控变得非常困难。接连一个多星期，工作人员都没能在监控屏幕上找到母子俩。

　　这种情况就不能指望监控了，只能靠其他方法来判断。除了每天例行巡查圈舍的时候有可能发现树上的"淘淘"；在给"草草"喂东西的时候，工作人员也能通过观察"草草"的乳头，判断出"淘淘"什么时候吃过奶。

工作人员通过检查母亲的乳仓来判断"淘淘"吃奶的情

野化阶段

气温逐渐回升，凝固了一整个冬天的冰开始化了，大片冰凌垮塌的"轰隆"声从关门沟方向传来，在山谷中久久回响。

午后的气温接近十度，微风和阳光让草丛和竹林变得干燥而温暖。一名带着相机的工作人员像往常一样沿着围栏巡视，一边走一边用对讲机和小木屋的人联系。突然，他看见右前方五六米远的一棵树下有两团黑白相间的物体，他赶忙蹲下来。没错，那就是"草草"和"淘淘"。

站在下坡位，同时也是下风口，所以工作人员并没有暴露自己，而且他清楚地知道母子在一起的场面可能很快就消失，他迅速而悄无声息地用宽大的迷彩服盖住相机和自己，只露出圆圆的镜头。

母子俩此时玩得太过投入，也没有发现靠近的人。看到"淘淘"自然状态下的影像第一次出现在相机屏幕上，工作人员激动不已。为了不影响拍摄的稳定性，他连大气也不敢出，用全身的力气努力平衡相机。内心的狂喜和外表的隐忍激烈对抗，将长时间拍不到东西的郁闷一扫而空。

"淘淘"似乎感受到了周围环境的异样，谨慎的它转身爬到树干边上的一根碗口粗的藤条上，并没继续往上爬，而是整个身体荡秋千一样挂在藤条上，仔细聆听环境中的异常响动。"草草"也站起身来，对着镜头的方向，使劲嗅闻着空气中的危险气息。

微风拂过竹林，沙沙作响，掩盖了其他所有声音。母子俩玩耍的兴趣显然更大。"草草"回转身，并没有发觉周围环境的异样。"淘淘"也灵巧地从藤条上翻身下到地面，猛地扑进母亲的怀抱。它知道这才是最安全的地方。

大熊猫母子的意外出现让工作人员根本没有时间使用三脚架，相机连同镜头此时显得越来越重，双手不由自觉地开始发酸……

但工作人员很清楚，只要自己结束拍摄站起身来，

山林 潜移默化

"淘淘"就会立即逃到树上，"草草"也会马上迎上来索取食物
他太珍惜这个难得的拍摄机会了，更不忍心破坏这个场面。
　　　"当时确实很累，但就想那样一直拍下去……"

"草草"和"淘淘"搂在一起亲热

"草草"在空中努力嗅闻，似乎发现了什么

没有发现异常，母子俩又继续玩耍

野化阶段

从 8 号下午开始，核桃坪一连三天遭遇大雾，
整片山林连同"草草"母子俩都被笼罩在雾气中，
什么监控手段都不管用了。

下午，工作人员们聚在一起开会，先是了解了颈圈
改良的情况，负责改良的工作人员说还在继续寻找更合适的布料。
然后大家总结了这一段时间的情况，强调了今后工作的两点：
一个是人员的安全，平时不能一个人独自上山，需要分头
开展工作时必须佩戴对讲机；再一个就是如果要进圈，
必须穿伪装服。

新的伪装服还没有做好，所以工作人员还是只能用旧的。
太热？忍一忍吧；视线不好？忍一忍吧；鼻子痒，想打喷嚏？
那就打出来吧，这属于"刚性行为"，没法忍。

————9：00，监控中终于出现了母子俩同框的画面。

"草草"和"淘淘"在一棵树上愉快地爬上爬下。半个小时以团雾再次袭来，笼罩了山林，画面一片灰蒙蒙，什么也看不见最近雾咋这么多。

————工作人员终于找到了合适的布料用于包裹颈圈。

那是一位工作人员从电视购物上买来戴在脖子上

用来治疗颈椎的小仪器，是一层黑色的布，摸起来手感很不错给人用的东西给大熊猫用，肯定错不了！

提供者也很大方："就当我捐给它用！"

2011年03月14日　星期一　09:45:48

母子俩在一棵树上玩躲猫猫

工作人员检查了"草草"脖子上的伤口，已经恢复得差不多了，于是重新把颈圈给它戴上了。

戴完颈圈巡视围栏的时候，工作人员发现了"淘淘"的身影。它正独自去小溪饮水，身旁并没有母亲跟随。当时没带相机，监控也没能及时对着饮水处，所以没有留下资料。这说明"淘淘"已经记住了水源的位置，有了一定的方位感和定向能力，这对于它以后的生活很有帮助。把周围环境的竹子、大树、水源等信息像模板一样刻在脑海中，可以帮助自己正确判断方位，提高环境利用效率，关键时刻还能迅速躲避危险，提高自己的存活机会。

山林 潜移默化

"淘淘"待在树上蒙头睡觉，头顶的天空一片阴霾。

终于在 17∶00，天空中好像有一件巨大的羽绒服

被人划开了一道大口子，鹅毛般的雪片倾泻而下。

雪只下了三个小时就停了，留下了一个白茫茫的世界。

分不清楚哪里是天，哪里是地。所有人开始意识到这场雪

可能带来的麻烦，因为春雪的水分比较重，容易压断树枝、电

果然，21∶00，整个核桃坪停电了。

走廊里有人喊了一声："明天上山多去几个人，先检查围栏！"

灰暗的天，显得"淘淘"很孤单

野化阶段

今天是春分，早上有好几个人是被冻醒的。

感觉窗外异常安静，没有平时的鸟叫声，就连挂在山崖上的瀑布都被低温凝固了。没有热水，大家也不想洗脸。简单地吃了饭，工作人员匆匆赶到园区查看情况。

还好，山下的大熊猫情况都还正常，可是山上的情况就难说了。带上镰刀，六位腿脚利索的工作人员开始上山，一是查看大熊猫情况，二是巡查圈舍。重点检查有没有倒塌的树，要是砸坏了圈舍围栏，那可就麻烦了。

山上的雪是真厚，有些地方直接没到膝盖。今天上山的感觉

处场景在大雪前后的对比

就是两个字：费劲！但唯一的好处是走起来可以把鞋底清理得异常干净！

今天的巡视比平时困难太多，不仅慢，而且很多地方需要低头、弯腰、匍匐、倒退才能通过，幸好来的都是灵活的年轻人。

"草草"就在围栏边。很多竹子都已经被压倒，"草草"想从雪堆里抽出几根竹子来吃都很费劲。而"淘淘"依然稳稳地待在树上。除了这棵树，它对其他事情不管不问。看来母子俩的情况很好。经过两个半小时的巡查，工作人员没有发现异常。培训圈围栏完好无损，两旁也没有倒塌的树，饮用水水源没有结冻，只是部分竹林被雪压倒。如果天气持续转好，四五天后应该就可以缓解。

山林　潜移默化

对讲机里传来中午的用餐指示："现在山下用发电机给小木屋供电，时间只有 10 分钟，请抓紧时间用餐……"

10 分钟……烤馒头够了。

雪太深，每一步都要小心地迈出

看队员们开展雪后巡查

野化阶段

152

由于大部分竹子都被积雪压住，难以抽离，"草草"很难采食到想吃的竹子。"草草"早早地守在吃东西的地方，等着工作人员来投喂食物。

下午，有人路过核桃坪，给大家带了口信："告诉你们一个好消息，电力部门正在抢修线路，预计一周就可以恢复供电了。"要一周才能恢复？也太久了吧，这哪是什么好消息。

有女同事开始抱怨：这么冷的晚上，怎么睡得着啊。还没过 12 点，热水袋就凉了。

傍晚，天很早就黑了。吃过晚饭，大家挤在昏暗的厨房里，

竹子被雪压倒，给"草草"采食造成了困难

一边聊天一边围着炉子烤火，等着用热水洗脸、刷牙。至于洗澡，暂时就别想了。

山林　潜移默化

大雪仍没有融化的意思，从高山飘落的零星雪花加上晚间的低温，让整个核桃坪依然被白雪覆盖。

"淘淘"之前生活的圈舍运动场，麦吊云杉的树枝被雪压真的有了吊起来的感觉。远远地就看见树干上有一节蓝色的铁那是因为树上有监控的线路，怕被大熊猫弄断，所以才用铁皮包起来，不让大熊猫爬。

没有电，连烤火都不行，日子又变得难熬。打扫完圈舍后几位年轻点的工作人员干脆脱掉上衣，开始在雪地里健身："既然没有电烤火，那就靠自己发热。"

树干外面的蓝色铁皮在雪地里格外显眼

野化阶段

　　昨天晚上，供电恢复了。在这里，有了电就有了一切。
监控画面恢复了，可是工作人员在黑白的画面上很难辨识大熊猫。
摄像头对着"淘淘"，过了很久"淘淘"也不动。仔细观察，
发现那只是一根树桩。黑白相间的外貌在雪地里很好隐蔽，
大概这就是大熊猫进化成现在这个样子的原因吧。

　　19：00，值班人员从监控上看到了两个影子在动。
是"草草"在吃竹子，旁边坐着"淘淘"，也有模有样地
抓着一根竹子，似乎啃得津津有味。一个多小时后，
母子俩渐渐走远，慢慢消失在镜头画面里。

模糊不清的画面里，很难辨认大熊猫在哪里

山林 潜移默化

11：00，工作人员把一件伪装服挂在水源附近的围栏外。

12：41，"草草"靠近伪装服，嗅闻了七八秒钟后转身去饮水，然后又回来闻了四秒钟，最后离开了。

晚上，工作人员们聚集在办公室，商量下一步的工作计划

首先，下个月要给"淘淘"做一个体检，需要做准备工作；

另外，化学通讯、激素变化、寄生虫监测等研究工作也要开始

最后还有一个涉及每个人的工作，就是以后每天上、

下午用摄像机分别拍摄两段三十分钟的视频资料，

作为行为研究的资料。感觉这个工作很简单。

野化阶段

全天大雾弥漫，完全看不见母子俩在哪里。

除了3月8号那天拍了一段母子俩互动的视频，
工作人员在其余时间看到的"淘淘"都在树上，
不是在休息就是躲着工作人员。这又成了一个两难的问题，
既要它怕人躲人，人又要掌握它的情况。大熊猫都觉得"烦人"！

由于遮挡太多，山林里很难监控到"淘淘"，加上监控摄像头
没有办法自动跟踪目标，所以在全天的大部分时间里，
工作人员都无法得知"淘淘"的具体活动和行为，
这让所有人感到束手无策。

山林　潜移默化

上个月的积雪已经消融了一大半，仅在阳光照不到的地方还有少量留存。

17：30，完成了一天工作的两位工作人员在下山的半路对讲机里传出了急促的呼叫："淘淘从树上掉下来了！赶快回去查看一下！"在问清楚摄像头编号后，两人直奔出事地点。

"淘淘"待的位置至少都有八九米高，也就是差不多三层楼那么高，这摔下来万一下面有尖锐的石头、锋利的竹桩……想到这里，两人的心都揪紧了。

来到现场，两个人脸喘得通红，感觉肺都要炸开了。树下是一片草地，没有石头和锋利的竹尖，也没有发现"淘淘"。又扩大范围仔细搜索血迹、毛发等线索，仍然一无所获。是母亲把"伤员"转移了？还是它自己找地方疗伤去了？此时，对讲机里传来消息：监控里看到"草草"正在竹林另一端饮水，并没有和幼仔一起。

两人无意中一抬头，看见七八米远的另一棵树上，"淘淘"正趴在十多米高的树杈上歪着脑袋盯着树下的两人看。

它不是刚摔下来吗？怎么回事？

本想检查"淘淘"受伤情况，但两人完全没有办法下手。树上的"淘淘"似乎还带着嘲弄问这俩人：你俩瞅啥？

工作人员觉得受到了侮辱，但好在"淘淘"没有啥大问题，受点侮辱就忍了吧！两个人慢慢走下山，腿脚发软。

看"淘淘"从树上跌落

每天下午两点过，河谷里就要开始刮风。一起风，就感觉空中有很多细小的尘埃，让原本干净的天空显得灰蒙蒙的。远处白龙沟的峭壁也在下午阳光的映射下变成了蓝灰色。

排危工人又回来了，桥头上又开始发出乒乒乓乓的声音。

天气暖和起来了，树上的雪都化了，只剩下毛茸茸的、黑白相间的"淘淘"还在高处坚守，像一团永不融化的冰雪。

树杈上自由自在的"淘淘"

山林　潜移默化

前几天从树上落下来的经历，似乎对"淘淘"没有任何影
它依然每天"坐在高高的树上，听妈妈讲过去的事"。

这位"野化小王子"每天的生活让工作人员犯了难：

下个月就要体检，这样子怎么抓得到它？

为了体检的事，今天开一个短会。动用了电脑、对讲机，
为的是同时让山上的工作人员和雅安的同事参与。

先是和雅安方面在 QQ 上连线，然后找一个人拿对讲机靠近咪
把对话信息实时发送到山上。

关于接下来的体检，需要尽快搞清楚"淘淘"下树吃奶

网络、视频、对讲机"三位一体"会议

是否和母亲的叫声有关系，如果有，想办法录下"草草"的声
能用声音引诱"淘淘"下树最好。

到目前为止，"淘淘"一直跟人保持着距离，不会主动持
这很好。但大家还是认为要多收集数据，虽然大部分
监控视频中的"淘淘"都在休息，可能野生大熊猫的活动规律
就是如此，但不能因为休息时间多就不收集了。这项工作就量
靠体力较好的男同事了。

最后涉及皮卡车的修理。毕竟这台车年纪大了，毛病很多
随着雨季的来临，可能又需要翻山绕路。一定要提前解决
隐患问题，否则路上抛了锚更麻烦。

由于对讲机要按住"说话"键，才能发送信息，所以这个
必须一直按着对讲机。中途，拿对讲机的人实在受不了了：

"换个人吧，我手指头都麻了！"

野化阶段

　　每年气温回暖的时候，蕨类是最早冒出头的植物。
静静的山林里，各种野生动物也开始蠢蠢欲动。

　　确实，一年一次繁衍后代的机会，动物们格外珍惜，为此，
它们四处搜寻，不惜用武力抢夺，不放过任何一个
留下自己遗传基因的机会。培训圈这一片的野生公大熊猫
为了和"草草"搭上关系，可能会靠近、翻越或损坏围栏。
虽然对"淘淘"而言，这是个见世面的机会，
但是风险实在难以预料。

　　这对于工作人员来说，如同一场考验。

斑羚

小熊猫

金丝猴

山林　潜移默化

为了了解圈舍周边是否有异常情况，每天都要绕着围栏巡查一圈。工作人员今天转了一圈，没有看到野生大熊猫的痕迹，但是发现了极为新鲜的水鹿粪便。

伴生动物，是指生活在同一个区域的动物，相互都是邻居。在不同的地方，大熊猫的邻居不一样。在卧龙自然保护区，大熊猫的邻居主要是水鹿、毛冠鹿、鬣羚、竹鼠、金丝猴、小熊猫、黑熊等。

羚牛

毛冠鹿

猕猴

中华鬣羚

漫山遍野的蕨类

新鲜的水鹿粪便

山林 潜移默化

毛冠鹿粪便

时间真快，一转眼已经上山两个月了。所有人都知道，"淘淘"不会一直待在这个圈里，它可能年底就要到那个更大的培训圈去。

更大的培训圈也是年久失修，要重新启用的话除了修复围栏，还要把安装监控等准备工作做完。24万平方米，面积确实很大，感觉这就是个"无边际圈舍"，更接近野外环境。

工作人员中午抽时间到了圈里面，把下一步需要安装监控摄像头的地方进行了定位。

置身其中，感觉自己极为渺小
大山里的小木屋显得极其孤独

工作人员用仪器定位

监控里"淘淘"屁股动了一下，工作人员立马判断：可能要下树。于是拿着相机就冲出了小木屋，悄悄地靠近了它此时，"草草"在另一个方向吃竹笋，根本没心思理会其他事半个小时以后，"淘淘"真的下了树。可惜竹林里面遮挡太密，画面不够理想。

"淘淘"下树的过程中一直保持警觉，不停地注意四周的环境变化。虽然工作人员没有发出任何声音，但是"淘淘"也只在地面停留了不到五分钟，还没有跟母亲见就匆匆地回到树上。太敏锐了！不知道什么东西惊动了它。

"淘淘"下树后的警惕性极高

　　三天前的拍摄时间虽然很短，但这是目前唯一可以拍到母子俩的办法。既为了收集到影像资料，也为了录下声音，更为了知道"淘淘"和母亲是不是通过声音进行交流，工作人员准备再试一次。

　　一大早，两位工作人员换好新衣服，准备好竹笋，满怀希望上了山。查看了夜间的监控记录后，俩人穿上伪装服，朝着"草草"所在的区域小心地前进。"草草"正在一棵糙皮桦下面坐着吃竹子，和人相距大约二十米。正好"淘淘"不在附近，工作人员一边拍视频，一边解开了伪装服拉链，确实太热了。

对工作人员不耐烦的"草草"

　　远处，绿背山雀的叫声愈发清脆，不知道是歌唱还是警报。突然，"草草"停下了咀嚼的动作，警觉而仔细地感受环境的声音。

　　绝大多数情况下，只要有食物，"草草"就能很好地配合工作。但是今天，似乎情况不太一样。一分钟后，"草草"开始朝着工作人员的方向张望，并发出哼叫声。这是负面情绪的流露，表现出它对于环境的紧张和担心。工作人员从包里摸出一根竹笋，扔了过去，希望可以安抚"草草"紧张的情绪。但"草草"根本不理会扔到脚边的竹笋，反而变得愈发烦躁不安。

　　工作人员完全不知道温顺的"草草"今天为何如此烦躁不安。十多分钟后，"草草"的哼叫声越来越大，几次想对着两人冲过来。为了安全，两人开始慢慢往坡上撤退，动作尽量轻缓，不再刺激这位冲动的母亲。

山林　潜移默化

　　　　回到小木屋，工作人员一边做记录一边清理身上的伪装服纤维。其中一人猛然间想起了，背包、手套、鞋都是之前用过的，唯独穿的迷彩服是新的，还没有下过水。他把脱下来的迷彩服拿起仔细闻了闻，确实有一种特殊的气味，就像棉花混合了羊油似的。

　　　　大熊猫的嗅觉很灵，这新衣服的气味对"草草"来说或许太过刺激。这可能就是让"草草"紧张的原因吧。

野化阶段

跟动物打交道强求不得，就像缘分，水到渠成需要时间。

工作人员正在查看"草草"体表是否有蚂蟥、草虱，正吃着竹笋的它又突然静止不动，扔掉了手中的竹笋。工作人员第一时间以为它又受到了惊吓，但很快发现远处一棵树上"淘淘"在往下滑。"刚才怎么没发现这家伙在树上呢？"俩人下意识地蹲下，躲在旁边的一棵树下。而"草草"已经温柔地朝着"淘淘"的方向去了，一边走一边发出咩叫，好像在跟它的儿子交流。这不就是所有人都在等待的时刻吗？！

工作人员赶紧打开摄像机，激动得手都开始发抖。虽然没有穿伪装服，但这个时候已经顾不了那么多了，两人脑子里唯一的想法就是："千万不要被它发现了，一定要多拍一会儿。""淘淘"下到地面了，它的母亲迎了上去，开始给儿子喂奶。工作人员尽量想拍得好看一点，但又怕惊吓到"淘淘"，只能隔着竹林从缝隙中寻找画面。

摄像机跟相机不一样，在竹林里拍摄的时候很容易跑焦，所以极难控制。不过还好，虽然画面不够好看，但叫声都清晰地被记录下来了。工作人员太意外了，没想到幸福来得这么快。额头已经开始出汗了，两人还算镇静，还记得悄悄地把手伸进口袋，关掉了手机和对讲机。"不要来打扰，现在没有比这更重要的事了。"在小木屋，两人回看了视频，声音很清楚，这既是母子俩靠声音进行通讯联络的证据，也是下个月体检能顺利进行的保障。两人相当高兴。同时也跟山下商量，建议买几顶能遮住脸的帽子，在体检当天作为伪装服的替代品使用。

因为体检当天可能涉及抓捕动作，需要很快的反应和速度，穿着伪装服不仅跑不快，巨大的头套也影响观察，肯定是不行的。

看"草草"呼唤"淘淘"下树

工作人员买了一个带 USB 接口的喇叭，特别像跳广场舞用的大音箱。把"草草"的叫声拷在 U 盘里面，到时候就可以把 U 盘插在这个旅行箱一样的机器上，把声音播放给"淘淘"听。

U 盘里面的声音，除了前天拍摄的，还有以前保存的资料。把两种声音混合在一起，目的是混淆"淘淘"的判断，让它听不出来具体是母亲哪天的声音。

体检方案定下来了，很简单：一部分人先用食物把"草草"引到离"淘淘"较远的区域，另一部分人在树下

多年以后，音箱已经生锈

用录音引诱"淘淘"，一旦下树立即进行抓捕。体检的同时，随时注意安抚"草草"的情绪。

能遮住脸的帽子也买回来了，就是骑摩托车的人冬天戴的那种。除了把人脸遮住，连音箱都要用迷彩的织物盖

"淘淘"不是那么容易抓到，所有人都预计这将会是一场硬仗。

野化阶段

170

来了几位电视台的人，说是要采访，还要跟着上山拍摄这次体检。但是他们不能进圈，只能在小木屋等消息。

10：00，体检按照计划开始了。一部分人在远处控制"草草"，另外两人提着音箱，悄悄地接近"淘淘"。

按下播放键，树上休息的"淘淘"马上有了反应！这让树下的人心里窃喜。三分钟过去了，树上的"淘淘"除了略微焦躁外，并没有要下树的意思。声音一遍一遍地播放，它却慢慢地平静下来。

树下的两人趴在枯枝落叶中间不敢动弹，也不敢抬头看，

除了自身的伪装，也把音箱用枯树叶遮盖起来

怕暴露自己的踪迹。

随着气温升高，各种飞虫开始在眼睛四周飞来飞去，嗡嗡作响。很快，腰间似乎有东西在爬，像是蚂蟥，又像是草虱。痒，但不敢抓，只好不断地用邱少云的英雄故事告诉自己不要动，否则将前功尽弃……

山林 潜移默化

一个多小时过去了，树上的"淘淘"在录音的陪伴下似乎都已经睡着了。控制"草草"的食物也用完了，实在没希两人不得不提着笨重的音箱灰溜溜地往回走。

刚走出培训圈，记者就关切地问："怎么样？"

"不怎么样，根本就不下树。"

没抓住淘淘，体检工作没办法开展，电视台也拍不成体检的画面了。参与体检和抓捕的工作人员都表示了遗憾。

　　但从另一个角度考虑，这正是野化培训要达到的目标。最初的培训目标就是要减少"淘淘"跟人的接触，让它不想接近人，今天正好检验了这个培训效果，看来效果很唯一不够完美的，就是对不起远道而来的电视台的朋友，让你们白跑了……

野化阶段

从监控里寻找有用的资料是一项极其消耗时间的工作，因为大熊猫在屏幕上出现以后，摄像头不能自动跟踪，也不能提示大熊猫出现在哪个通道、哪个时间段。所以需要人工来把可能拍到大熊猫的所有视频全部回看一遍。不得不专门安排一位工作人员来进行视频的回放、筛选和保存。

一天下来，单个通道录了 24 个小时，16 个通道就录了 384 个小时。按照最快速度快进，也需要几个小时才能把所有通道的视频回看完。为避免用眼过度，工作人员每隔一小时就要休息一会儿，站在值班室外面放松眼睛，然后再接着看回放。

山林　潜移默化

气温渐渐升高，拐棍竹的竹笋破土而出，开始一天一个样极速生长。

随着竹笋高度的增加，口感和营养含量则快速下降。"草草"想要吃到鲜美多汁的竹笋，就必须手脚勤快，在竹林里来回搜寻。虽然这样需要消耗更多体力，但是大熊猫还是更倾向于采食竹笋，毕竟营养和口感都远远优于竹竿和竹叶，所以每年春天的这些体能付出对于大熊猫来说非常值得。

相对"草草"，它的儿子"淘淘"目前还不需要吃竹笋，

刚刚从土里钻出来的新笋

也就不需要四处游荡。它每天的任务就是"挂"在高高的树杈听着远方吹来的风，注视着早出晚归的母亲。

野化B阶段

虽然"淘淘"每天没啥事可做，但是在它背后默默支撑的人却没有闲着，工作人员已经开始考虑下一批野化培训的事情了。

除了"草草"，核桃坪的其余母大熊猫会被轮换，新的一批母大熊猫会入驻这里，开启今年新一轮的野化培训工作。也就是说，"淘淘"要有自己的"师弟师妹"了。

虽然新的伪装服还没做好，但核桃坪获得了几件不一样的衣服。一种全身上下由无数根迷彩毛线组成的衣服，视野很好，而且非常透气。深色的纱布遮盖面部，不但避免暴露脸部，而且可以防止蚊虫叮咬。

你能找到穿着伪装服的工作人员吗？

工作人员正在试穿新的伪装服

为了测试伪装效果，工作人员做了一个实验：让一个人穿上衣服以后悄悄站在花台里面，然后观察其他人经过时的反应。结果四个人拉着竹子从花台前面走过，都没有发现那里站着个人，看来伪装效果很不错。

改天还要让"草草"熟悉新衣服的气味。

山林 潜移默化

经过两天的适应，新迷彩服和其余大熊猫相安无事。下午两位工作人员穿上"蓬松"的迷彩服，进圈给"草草"喂食。喂完食物，这一天的工作也就结束了。

这本是一项简单的例行工作，今天却变成了麻烦。工作人员蹲在"草草"身边，把最后一块窝头递到它手中，然后起身准备离开。刚走出七八米远，听见背后声音有变。回头一看，只见"草草"叼着窝头嚎叫着就冲人跑来了。怒气冲冲的样子吓得两人赶紧躲闪。慌不择路的两人不幸地进入了灌丛。这是一片西藏悬钩子，长长的藤蔓有一两米长，而且布满倒刺。两人身上的迷彩毛线立刻被无数倒刺钩住，寸步难行。眼看愤怒的"草草"追了上来，情急之下，两人只好把头和手往怀里一缩，往坡下面滚去，然后清晰地听见了衣服被撕破的声音。连翻了好几个跟头之后两位工作人员终于逃离了荆棘。站起身来，不敢停留，沿着竹林边缘一路狂奔才得以安全脱身。跨出圈门，两人脸色煞白，坐在地上直喘气，感觉心脏都累炸了。好几分钟后才把气喘匀。

下山路上，两人才发现裤腿被倒刺撕开了几条口子，大腿都露在外面。腿上只是划了一些血丝，并没有大的伤口，就是走起路来凉飕飕的。

看来这种衣服也不适合穿着在灌丛里行动。

野化阶段

虽然拍到了视频，但还是有工作人员觉得画面不够理想。
今天进圈，他让同伴用食物把"草草"引到别处，
然后他准备爬到树上去，等候拍摄更好的画面。

前几天"草草"把人撵得很狼狈，所以今天工作人员
穿的全是旧衣服，而且一直没洗。为了不再让"草草"害怕，
保证全部东西都是"熟悉的味道"。背包里还专门带了几根竹笋，
以备不时之需。他爬上了华西枫杨的一根枝干，离地六七米高。
透过层层树叶，他看见"淘淘"在正前方的一棵树上休息。
只要动作不大，"淘淘"就发现不了自己，

同伴用食物将"草草"引到竹林深处

狼狈地爬下树

接下来就只需要等待时机了。
但是很快，他就发现树下来了一个熟悉的身影——"草草"。
这是怎么回事？同伴不是把它引开了吗？
这时他不敢发出任何声音，怕"草草"听见声音爬到树上来。

拍照就不要想了，相机的快门声音很大，肯定会被
"草草"听见，它要是爬上来就麻烦了。平时温顺的"草草"

近来不明原因的动怒已经有过两三次了，谁能保证今天它不会再次发怒，不会咬谁一口呢？

他悄悄关掉了身上的对讲机、手机，等待"草草"离开，甚至连呼吸都不敢大声，怕被"草草"发觉。

看来"草草"今天似乎有意作对，在树下趴着休息，不走了！

阳光透过树冠层洒下来，温暖的风在树林中滑过，这正是一年中最舒适的季节。但他却开始额头冒汗了，有种骑虎难下的紧张和窘迫。十多分钟过去了，大熊猫母子俩睡得很踏实，一个在树上，一个在树下，只有可怜的人类像个哨兵一样四处张望。

继续这样耗下去也不是个办法，万一"草草"爬上树来，包里带的竹笋不多，能与它周旋的时间只有一分钟不到。它要是在树上玩兴奋了，自己更难脱身。想到这里，工作人员还是决定下树离开，毕竟安全最重要。

可是这树下的"老佛爷"正在休息，怎么才能不惊扰到它呢？直接跳是不行的。这样肯定会惊吓到"草草"，让情况变得更糟。而且竹林里残留的竹桩可以轻易地刺穿鞋底和脚掌。正在犯难的时候，同伴出现了。他在对讲机里得不到任何回应，就怀疑出了什么情况，于是带着食物过来查看。

在同伴用食物安抚"草草"的同时，他顺着树干往下滑。一边滑一边说："幸好你过来了哦！"踩到坚实的地面，他顿时感觉轻松和踏实。

野化阶段

　　为了新一轮的培训工作，工作人员要把更多的精力放在山下，也不敢再为了追求完美而过于冒险。

　　今年待产的四只母大熊猫已经全部进驻核桃坪了。

为了让培训环境更好，工作人员特地把培训圈舍围墙换成了迷彩图案，搭建了新的育幼木棚，增加了监控头的数量，还安装了一个可以实时收听声音的采音器。

新的摄像头和用迷彩装饰的围墙

安在树上的采音器

山林 潜移默化

需要监控的大熊猫多了，随之带来的变化很大。
不光监控摄像头数量要增加，监控屏幕数量也要相应增加，
就连整个系统的存储硬盘也要升级。

原来那个旧的值班室太小，已经放不下更多的设备，
工作人员找到一个面积更大的地方，作为新的值班室和监控室

为了有更大的显示效果，工作人员从多功能厅找到一台
很老的电视机。搬动的时候才知道这种老式电视有多重，
两位工作人员合力抬着才能搬动。一百多米的距离休息了四五
最后连喝水端杯子都觉得没力气。

收拾完毕，坐下来看看新的监控是否好用

14：18，工作人员在围栏边听到竹林中传来幼仔的两声哼叫。
不久，又传来竹竿被踩断的声音，估计是"草草"
发现了人的活动。果然，"草草"很快出现了，走向围栏边
向人索要食物。

工作人员把食物递给它，然后蹲下来仔细查看。
发现乳房四周的毛发是湿的，而且乳房已经被吃空，
挤不出多少乳汁了。"淘淘"应该是刚吃了奶。
甚至极有可能是"草草"察觉到人的靠近而起身走开，
导致吃奶中断。所以工作人员才听到了"淘淘"不满的哼叫声。

看来，工作人员刚刚错过"淘淘"下树吃奶。
"淘淘"因为对人有所忌惮才没现身，否则可能早就跟着它母亲
追出来了。

站在梯子上的工作人员本来在拍"草草"的视频，没想到"淘淘"突然闯入了画面。

接近母亲的"淘淘"开始吃奶。看来要不是饿了，它还不一定敢下树。可能是有母亲在场的原因，"淘淘"不是那么怕人，只是会时不时地瞄一眼围栏上的人影。

"淘淘"看工作人员的眼神充满了警惕

野化阶段

意外拍到"淘淘"的近距离影像让人很兴奋，
工作人员准备趁热打铁，再试一次。估计好了下一次吃奶的时间，
工作人员悄悄地埋伏在"淘淘"的树下。

"淘淘"没下来，却招来一群苍蝇似的虫子。
这种虫子很喜欢圆的、发亮的物体，所以经常在摄像机按键
和人眼睛周围"嗡嗡嗡"地乱飞，偶尔会有一只飞到眼睛上，
让人极度反感。

蹲了很久也没等来想要的画面，最后实在没希望，
工作人员只好悄悄退出了培训圈。

长时间的蹲守导致站起来时感到眩晕，腿上没劲

山林 潜移默化

一个灵巧的黑影从一棵大树上跳到另一棵树上。

"猴子！"正在巡查的工作人员大喊一声。其余人转头过去，只看到远处的树枝晃动了一下。发生得太突然，相机上只留下一个模糊不清的影像。

按照卧龙当地传说，上了山是不能说"猴子"的。说的人当天运气会不好，可能摔跤或滑倒。但看到猴子那一瞬工作人员顾不了那么多了，心里想的是"别把熊猫抓走就行"。

围栏拦得住地上跑的动物，像猴子这种在树上跳跃的灵长围栏就防不住了。

野化阶段

六月份的气温，不凉不燥刚刚好，雨季也未到来。
卧龙正处在一年中最舒服的时候。"淘淘"也很享受
待在山林里的时光，它已经快要一岁了。

无忧无虑的"淘淘"找到了一棵三月份被大雪压弯的树，
横向伸出的树干让它很有兴趣。它刚迈出一步，
树干的晃动让它摔出一个趔趄，压断了一根小树枝。
它赶紧趴在树干上，双腿夹紧树干，让整个身体保持平衡。
光溜溜的树干上并没有足够的支撑点，
平衡只能靠肌肉力量和调整重心来保持。
这比平时爬大树难多了！

十个月大的"淘淘"相当于学龄前的幼儿，
正处于一个好奇的阶段，旺盛的精力让它对周围一切事物
充满了探索的渴望。它重新站起来，似乎在感受晃动，
从中寻找平衡，也似乎是专门享受晃动带来的乐趣。
越往前走，树干越细，已经不能承受它的重量了。
与其说是走，不如说是匍匐前进。因为它刚一站起来，
树干的晃动就让它不得不再次俯下身去。
慢慢地，"淘淘"有了一点保持平衡的感觉。
它不再靠蛮力和树干作对，而是学会了放低身体重心，
随着树干的晃动起伏来决定下一步的动作。粗短的尾巴
起不了多大作用，它就靠前后肢的交叉配合来维持平衡。

整个下午，"淘淘"都在这里玩耍。它第一次尝试了
如何在晃动的树干上行走，也学习了如何协调身体的平衡。

通过不断的学习和尝试，"淘淘"最终要学会顺应环境的变化，
适应变化的环境。这或许就是大熊猫这个物种
能从远古延续至今的秘密。

山林 潜移默化

石淘淘在树上玩耍（为了拍摄这段视频，工作人员连大气也不敢出，怕呼吸的动作会影响画面）

　　工作人员正在给"草草"投喂食物，结果"淘淘"
从竹林中杀出来，抢母亲手上的东西吃。
"草草"不会这么容易就让给它，叼着竹笋就走开了。
"淘淘"虽然只抢到一点吃剩的笋皮，但也很高兴，
拿在手中津津有味地咀嚼。

　　这不是"淘淘"第一次接近人了，工作人员开始哄它走，
它却对此毫不在意，转过头来平静地看着。有那么一点仗着自己
有后台，就为所欲为的意思。由于窝头是严格禁止它接触的，
工作人员担心它吃到母亲掉落的窝头残渣，

"淘淘"喜滋滋地享用着母亲丢弃的笋皮

所以今天就没有把窝头喂给"草草"。

　　人们不担心"草草"饿着，反倒担心"淘淘"，
最近它好像开始对人不再害怕了。下山后，工作人员把情况
给其他人说了，每个人都觉得这个发展趋势不好。

　　晚上，所有人开了一次会。有人提出要针对"淘淘"
近来不怕人的表现给予"负刺激"，让它不再掉以轻心。

山林　潜移默化

"淘淘"下树了！

这个时候，想拍照片的话，哪怕身上有蚂蟥也不能动。因为这样的拍摄机会太少了，必须珍惜。身上的血多的是，蚂蟥要吸就吸吧！趴在地上的工作人员披着迷彩的伪装服，一动不动地从相机取景框里注视着它。

只见"淘淘"抱着树干环顾左右，确认安全之后，才顺着树下到地面。

刚下到地面的"淘淘"没有马上呼唤母亲，也没有到处乱而是安静地俯下身，静静地聆听周围环境的声响。

全身紧贴地面，减少被发现的可能

一分半钟过后，它才站起身来，用鼻子搜寻周围的气息。林子里的新笋此时要么已经被母亲吃掉，要么已经长高，不再适合采食。它躺了下来，捡起旁边一根枯黄的竹竿，有模有样地啃着。它的牙齿现在还不足以咬断坚硬的竹竿，所以这些动作更多的是玩耍和对母亲的模仿。

突然，远处传来"啪"的一声，就像竹竿或树枝被踩断的声"淘淘"立刻停下了手中的动作，朝着声音的方向，两只耳朵小幅度地左右转动着，仔细地判断是否有危险。然后它丢掉竹竿，俯下身紧贴地面。

拿着相机的工作人员不得不佩服它的行动：在弄清楚情况之前，不能慌乱地跑开，或者爬树，那样只会更快地暴露自己原本就显眼的黑白色外表，让自己陷入更加危险的境地。

　　这让工作人员大为佩服，这简直就是一个经验老到的特种兵啊！

夏至已过，雨季正式到来。

果然，开始下大雨了。雨水持续不断地在山林中发出沙沙的声音，确实催眠，却无人能安睡。去年雨季那些场还历历在目。

伴随着漫天大雨，大家坐在一起开会，再次强调了人的安是最重要的。此外，大家修改了去年的应急方案，更改了撤离路线。不能再往后山撤离，而是要就近在停车场尚未完工的三层混凝土楼房里躲避。

次生灾害随时都可能发生，厨房那边要提前储备食物、燃

暴涨的河水

为断路后的生活做好准备；其余人员轮流抽时间上山查看那些裂缝和溪流，每次至少两人，必须带上对讲机。

除了河水声和下雨声，303省道上很安静，估计道路又中断了。大概是从前天开始，几乎没有看见路上有车辆通过。17：00，在山上巡查安全的工作人员居然从对讲机中听到买菜的同事在喊话。

原来，厨房的同事在镇上买了菜后返回，在梅子坪（距离核桃坪约1.5公里）遇到了一股刚冲下来的泥石流，车过不去了。没有手机信号，驾驶员就拿着对讲机一直喊……大家连忙前往查看。泥石流很窄，大约只有一米多宽，但是从山边流出来后，在公路上就蔓延成了约二十米宽的扇形。

这张图是后来拍的，但是泥石流发生的地点、程度都跟当年极为类似

虽然不算大型泥石流，但车子也不敢贸然向前冲，恐轮子陷进去。

跟就近的一户农民商量好后，工作人员把车停在农家院子里，等路通了再来取车。车上的东西就分到每个人身上，一人带一点，踮着脚蹚过稀泥，最终安全回到了核桃坪。

今天，"草草"和"淘淘"在体重秤附近活动，工作人员抱着"试一试"的想法把竹笋扔到秤台上，然后退到旁边的竹林中守候。不到半个小时，就等来了"淘淘"单独站在上面的机会。

20.6 公斤，跟同龄的个体对比，这个体重算正常。

野化阶段

断路后的第九天，从雅安翻山运送应急物资的车带着一身泥泞抵达了核桃坪。车上不仅有大熊猫的食物，也有人的食物和其他物资。

核桃坪的人这个时候才知道，保护区境内一座桥被冲，一座电站被淹，二十多间民房被毁，受损的道路总共有七八公里长。在靠近映秀的工地上，一位撤离的人员被落石砸中小腿，露出白森森的骨头，由于得不到及时处理，伤口在雨水冲刷下已经发白⋯⋯

"这条路什么时候才能重建好啊！"大家一边搬运物资，一边叹气。

工作人员赶紧把竹笋、苹果等鲜货放进冻库保存

山林 潜移默化

今所有人都盼望着通讯和道路尽快恢复，山上的"小伙子"似乎要把人们稍微分散的注意力抢回去。

20：00，天还未完全黑下来。一向神龙见首不见尾的"淘淘"居然大摇大摆地坐在监控面前，开始吃竹叶。

屏幕前的值班人员以为自己眼睛花了，再仔细看看，确实是"淘淘"。因为它脖子上没有颈圈。

2011年07月15日 星期五 19:41:44

值班人员第一眼看去还以为是"草草"

从六月下旬开始，白天上山，晚上防洪。不仅要照看"淘淘"，还要照顾今年刚出生的幼仔，轮流的值班让所有人感到了疲倦。有人拿出了一瓶营养补充剂，准备全方位补充体内流失的维生素、微量元素，结果当晚就流鼻血了。算了，还是补充睡眠比较好。

有人值完夜班，直接躺在值班室的旧床垫上睡了。据说"听着电脑风扇的噪声反而更容易入睡"。也有人中午吃了饭躺在小木屋外面的凳子上，穿着伪装服就睡了。

厚厚的伪装服很保温，穿着午休不怕受凉

深夜的值班室，电脑风扇转动的声音让人愈发困倦

山林 潜移默化

通过越来越多的零星观察，工作人员发现"淘淘"逐渐开始取食拐棍竹了，从采集的粪便样品也可以确定这一点，粪便中的竹叶成分越来越多，越来越成纺锤的形状，颜色也越来越接近深绿色。虽然吃了多少无法统计，但这并不个问题。未来的它，一天采食量可以轻松达到十多公斤，所以"淘淘"现在只是刚开了个头。

兽医通过粪样可以了解"淘淘"的健康状况

15：30，工作人员正准备离开培训圈，前方的竹林里突然有了动静，像是一头大型动物在快速移动。

工作人员本能地后退两步，还没来得及辨别和思索，声音就已经来到了身边，是"草草"，后面还跟着"淘淘"。

这位大大咧咧的母亲仿佛没看到工作人员，就在跟人相距只有三四米远的地方，它坐下就开始给"淘淘"喂奶了。

平时求都求不来的场景，今天怎么直接送上门了？……工作人员一下子没反应过来。脖子上沉甸甸的相机提醒了他：快拍照！

很不幸，工作人员今天只带了长焦镜头。想退后几步拍照，可背后是横七竖八的竹竿，退不动；想跨过去，伪装服的裤裆太低，根本迈不开腿……退无可退，又担心喂奶结束，穿着伪装服的工作人员急得满头大汗，只能尽最大努力把身体往后靠。透过取景框，工作人员能清晰地看见"草草"腹部的白毛，也能看到"淘淘"的腮帮子因吮吸而不断鼓动。它甚至斜眼朝着人的方向看了看，完全没有害怕的意思。

大约三四分钟后，"草草"终于发现了一旁的工作人员。于是立即起身过来要吃的，"淘淘"自然也跟着过来，一副自来熟的模样。

这是野化培训工作最不该发生的事情。工作人员有点生气，可是又不敢发火。

"淘淘"虽然不主动接近人，但也不怕人。

为了让它继续保有对人的畏惧，工作人员决定要实施一次"恐吓"

"淘淘"此时正斜躺在一棵树下面，而工作人员

就趴在它前方五六米远的地方。实在太近了，

工作人员甚至能看到它亮晶晶的眼珠，一起一伏的肚子，

还有小巧的爪子似乎在打着拍子。如果不是为了野化培训，

真希望这个毛茸茸的家伙走到自己身边。但是现在，

需要的是距离，让它保持和人之间的距离，让它不习惯有人存

另一位工作人员在监控室寻找"草草"的踪迹，

正在休息的"淘淘"

发现了以后通过对讲机告诉趴着的同伴。只有母亲不在现场，

惩罚它儿子才会让人放心一点。

监控里没有发现"草草"，它可能跑到很远的地方去了。

工作人员决定提前行动，因为"淘淘"似乎有所警觉，

它随时都可能跑掉。尽管在心里演练过几次，

但是面对这个还没有满一岁的大熊猫，工作人员还是感到很

它下意识地回头，想确认身后不要有任何东西

阻拦自己撤退的脚步。刚转过头，"草草"就站在自己身后！

野化阶段

它怎么悄无声息就出现了？

难道它知道有人要对它的孩子"动手"？这也太神奇了。

面对这位母亲，工作人员像个做错事的孩子，有种"被抓个现行"的尴尬。他乖乖地把手里的竹笋递给"草草"，再回头看时，"淘淘"早已不知去向。

所以"淘淘"现在只是刚开了个头。

山林 潜移默化

食堂的菜和肉吃得差不多了，而通往映秀的路还没有通，老迈的皮卡车只好再次绕道夹金山，踏上了采购食材的漫漫征

路断了大半个月，网络也没有，手机里翻来覆去地放着几首跟草原、美酒有关的民歌。很多人都只知道当天是几月几号，而不知道是礼拜几。这样的生活颇有些"不知有汉，无论魏晋"的意思。

中午的核桃坪静悄悄。除了"淘淘"在树杈上睡觉，其余大熊猫都在地面上休息。与其说工作人员是劳累，不如说是心累。那些成了家的，思念着远方的爱人和孩子；

大家聚在值班室听讲座

植物识别

那些没成家的，思考着到哪里去找爱人……生活圈子太小，各有各的苦恼。

为了排遣郁闷，植物方面的专家搞起了讲座。把卧龙地区常见的植物，尤其是培训圈里面的植物给大家进行了一次讲解，尽量让所有人都能辨识。

讲座进行到 16：00，又因为停电中断了。根据记录来看，这是今年以来的第 26 次停电。所有人都很郁闷，只有一个女同志在花台边忙碌着，花台里有她种的几棵四季豆，她执着地认为她在给所有人留后路："万一菜买不回来，就只能吃豆豆了！"

野化阶段

吃过中午饭，所有人昏昏欲睡。有几个同事提议
弄出点大的动静，才能让大家从枯燥乏味的生活中醒来，
找回曾经"斗志昂扬"的状态。要寻求"突破"，
首先就要"改变"，于是几个人开始相互剃光头，
准备"彻底释放"！

头还没剃完，就听说皮卡车回来了，大家赶紧去帮着卸货，
这种体力活最能激发斗志！

人们一边搬物资一边听驾驶员讲述这一路的不容易：
在夹金山上，高海拔的雾气很快在挡风玻璃上凝结成水，

每次搬运东西都需要三个人才能完成

恰恰雨刮器坏了，驾驶员完全看不清道路。只好降低车速，
让坐副驾的人从窗户探出身去拿毛巾擦玻璃，开不到一百米玻璃
又花了，坐副驾的人又起来擦……

时值夏天，山下县城的中午气温高达三十一二度，竹笋、
猪肉已经在车厢里捂了好几个小时。驾驶员不敢耽搁，
只能想尽办法尽快回到核桃坪。纵然如此，
车子在路上还是花了八个小时。大家抓紧时间往厨房搬运，赶紧
把猪肉放进冰箱。

　　虽然已第一时间放进冰箱，但买回来的猪肉确实变质了，很快就有人觉察出肉的怪味。

　　每天很多体力工作，不吃肉不行。有人认为经过高温烹饪应该没事。再说，辛辛苦苦买回来的肉，扔了怪可惜的。于是大家只能少吃。

　　随着肉的异味越来越重，吃饭时夹肉的人越来越少。今天下午，只有一个人还在吃，而且满不在乎："我的消化没问题。"

　　吃完饭大家在值班室聊天，突然听见一声惨叫："遭了！"只见一个人飞快地跑出值班室，向厕所冲去。其余有人替他打圆场："他的消化确实没问题，现在只是憋不住……"众人都哄笑起来，值班室随即充满了快活的气氛。

野化阶段

20：00，皮卡车司机浑身湿透出现在大家面前："兄弟们，车子烂在中桥了，走！帮忙拖回来。"

中桥这个地方是道"天堑"。山顶与河谷的落差达一千多米，从高处落下的石块携带的能量非常大，每年都会发生车毁人亡的事件。地震后，中桥已经成了卧龙和耿达之间的一个坎。

天快黑了，路上很安静，前后都没有车辆经过。

原来平坦的路面已经在长期的垮塌中被垒成了驼峰的形状，而皮卡车恰好停在两个驼峰之间。这是最容易出现高岩落石的地方。

危险的中桥路段

蒙蒙细雨湿了头发，抬头看去，山腰以上的地方完全被云雾笼罩，随时都可能有石头突然从雾中杀出。大家这才想起应该把安全帽戴上，可是已经来不及了。

来帮忙的车就在前面，但是首先要把皮卡推出这个凹地才能拖行。除了司机在前掌舵，其余人全部在后面奋力推车。

雨一直下，所有人都在心里默念："此地不宜久留！千万别掉石头！"

山林　潜移默化

好在把车推到安全区域期间，中桥没有掉石头下来。
皮卡车跟大家相依为命，也算是有感情了。

2020 年的中桥路段，时隔多年还能看
当年滑坡体的巨大规模

　　不知什么时候，一群马蜂在培训圈的围栏上筑了一个窝，
足有两个篮球那么大。而且旁边就是一道铁门，
开门、关门的震动极有可能激怒这群马蜂，引起它对人的围攻。
为了安全起见，一位工作人员穿上厚厚的伪装服，
戴上手套，站在大石头上用蛇皮口袋将马蜂窝套住，
一举拿下了这个定时炸弹。给口袋打结的时候，
能听见马蜂在口袋里嗡嗡乱飞。在其余人看来，他就是个英雄。
而英雄很温情，想的是取出蜂窝里的营养，带回家给小儿子吃。
　　下山以后，他把口袋放进冰柜，等待马蜂全部冻死。
第二天中午，他以为马蜂已经全部死了，不料刚打开口袋，
一只顽强的马蜂就飞出来，直直地"咬"在了他的"螺丝拐"
（脚踝）上，虽然隔着袜子，但脚踝还是立刻就肿了起来。

山林　潜移默化

花台里种的几棵四季豆，这几天陆续可以吃了。

那批猪肉剩下的不多了，也不再有人敢吃。再坚持几天，通车了就能吃到新鲜肉了！

山上的"淘淘"越来越肆无忌惮了，居然隔着围栏伸手出差点把人抓伤。

工作人员自己种的四季豆

野化阶段

　　"草草"沿着围栏走了过来，向工作人员靠近。很快，"淘淘"也来了。母亲的在场给它撑腰不少，它面对眼前的两位工作人员毫无畏惧。两人隔着围栏分别用竹笋吸引着母子俩的注意。然后，逐渐拉开母子俩的距离，开始把"草草"往下坡引，只把"淘淘"留在原地。把"淘淘"留在相对较高的地方，人会更安全。因为大熊猫体重大，走上坡的速度慢，就算"草草"听到儿子的呼救，它也要花一两分钟才能赶到现场，里面的工作人员有足够的时间脱身。而且这里刚好有个小门，便于快速进出。"淘淘"距离小门仅四五米远，而它的母亲在很远的地方吃竹笋。现在，工作人员准备对"淘淘"动粗，这一次没什么好担心的了。

　　工作人员轻轻打开门，蜷缩着身子钻进去，再轻轻关上门，不锁。关上门，是为了防止"淘淘"受惊吓后从小门钻出去；不锁，是为了方便工作人员迅速撤离。工作人员猫下腰，嘴里发出野猪般的嗥叫，模仿怪兽的样子冲了过去，一把拿住了"淘淘"的胳肢窝。"淘淘"被吓懵了，它赶紧把头低下，整个身子处于防御状态，像个刺猬似的一动不动。

工作人员本以为会遭到爪子和牙齿猛烈的反击，没想到它竟然像个无赖一样缩成一团，但明显感觉到它身体很僵硬，紧张得就像第一次的体检。但不能就这样收场，必须让它感觉到疼痛。怕拿捏不好分寸，工作人员还是不敢徒手打在它身上。正好看到围栏的铁丝网，工作人员灵机一动，把"淘淘"提起来往旁边的铁丝网上面撞。铁丝网是软的，撞不痛，也没有锋利的边缘，不会受伤。但是有韧性，撞击的同时，铁丝网连同上方的钢板会发出"咣咣"的声响，这是"淘淘"平时没有听到过的响动。撞了五六次后，工作人员又把它扔到草丛中，然后捡起一根竹竿，连续不断地在地上和钢板上敲打，发出刺耳的声音。"淘淘"终于不再犹豫，以极快的速度跑向一棵连香树，它甚至没作停留，没回头看一眼就爬到了十多米高的枝丫上。工作人员从树下能看到它的腹部快速地上下起伏，它真的被吓到了。

明知它听不懂，工作人员临走时还是大声放了狠话："以后遇到你，老子还要收拾你！"

上次"恐吓"之后，工作人员一直没看到"淘淘"下树来活动。围着监控屏幕，偶尔会有工作人员自言自语："不会真把它吓出问题了吧？"

其余的人开始七嘴八舌分析的时候，那个亲手制造"恐怖袭击"的人就坐在角落一语不发。清楚自己虽没有伤害到"淘淘"，但万一惊吓过度，自己岂不成了罪人？可是不下点狠手，养成坏习惯以后更麻烦，野化培训的方向就会走偏。太多的两难选择，真的让人感觉很难。

这几天都是这样，"淘淘"好像恢气了

"淘淘"早就知道母亲是它的靠山，有"靠山"在就没人敢动它。但这几天，工作人员发现"淘淘"变得更谨"

它很注意站位，随时保持它的"靠山"处在它和工作人之间，而一旦母亲离开，它也会立马跑掉，绝不会跟工作人员待在一起。

一岁多的"淘淘"个子不大，心眼倒是不少。不过这挺说明它很聪明，以后到了野外，聪明的大熊猫存活概率要大

工作人员躲在观测台里，尽量不说话，只静静地看着远处的"淘淘"吃竹子。只见它抓住一根竹子仔细闻了闻，将竹竿咬破、折弯，用力往下拉。再咬破、再折弯、再拉下来，直到把枝叶拉到自己面前。然后认真地把每一片叶子咬在嘴里，直到它自己觉得"够了"，最后将嘴里的竹叶一把抓住，认真地吃起来。当它吃完最后一节的枝叶，工作人员看了看时间，吃完一根竹子上的竹叶刚好用了 20 分钟。尽管它吃竹子的效率和熟练程度还不能和成年大熊猫相比，但已经足够振奋人心。

现场观察，现场记录

山林 潜移默化

"淘淘"一岁多了，它吃竹子的样子越来越熟练。今天下
工作人员发现了它排出来的竹子粪便。粪便很完整，呈纺锤形
能清晰地辨认出其中的竹叶残渣。
粪便表面附着的半透明的黏液，很像半岁左右的大熊猫
排出的乳便。粪便旁边，有咬断的竹竿，

大熊猫对于竹子的利用率很低，除去不能利用的木质素，剩下的纤维素和半纤维素t
有不到 20% 能被大熊猫吸收利用。食物的低养分也促使大熊猫一年四季都要大量采食
条件冬眠。

上面的竹叶有整齐的断面，地面的泥土和叶子有被压过的痕迹
显然"淘淘"在这里坐着吃过竹子。
这里地势较为平缓，乔木的树冠不太稠密，可以把更多的
阳光分配到下层，有利于地面竹子的生长，宽松的林下空间
也有利于大熊猫的通行。工作人员站在原地，
几乎都能想象出"淘淘"坐在这里吃竹子的情形。
随着吃竹叶量的增加，"淘淘"的休息时间开始慢慢减少，
长时间待在树上的情况比之前少了很多。另外，从下半年开
"淘淘"在和母亲的互动关系中表现出更多的主动行为，
而不是等着母亲来找自己。给人感觉，它比以前"懂事"了。
它确实也该懂事了，今年的核桃坪新出生了三只幼仔，
"淘淘"迎来了自己的"师弟师妹"。
虽然幼仔比去年多了，工作比去年重了，但是所有人
都会不自觉地在心里把"淘淘"放在第一位，
这是一种亲人般的情感。

核桃坪地形狭窄，四周的高山挡住了早晨和傍晚的阳光。11：00，核桃坪才接收到阳光的照射。在温暖的光照下，核桃坪一点点从白霜中解脱出来，一切又恢复了原来的颜色。

随着工作的推进，野化培训最难的点也慢慢显露了出来，那就是"数据采集"和"减少干扰"之间的矛盾。

以行为数据为例。人不去打扰，就搜不到数据；人到了现场，很大程度上又会影响"淘淘"的行为表现，数据也不够客观。监控没有起到预期的效果，很多时候都看不到大熊猫。

还有没有什么办法可以让人不打搅它，

的白霜在阳光的热力下蒸发

又能了解到它的行为活动呢？工作人员陷入了长久的思考。

这就如同在阳光下看霜，起霜都在夜晚，阳光出现霜就没了。想在两者中做到兼顾，似乎永远做不到。

　　工作人员回看了一遍白天的视频，发现"淘淘"依旧全程都在睡觉，这已经成了它的反拍摄手段："只要有人我就睡觉。"工作人员开始思考：能不能把摄像机缩小到可以戴在颈圈上？拍完以后再把视频取回来看，就知道它干了些什么。这样人就不会干扰它，也就变成了它自己拍视频。想得挺美，可是没有那么小的摄像机，而且，电池的续航能力、机身承受冲击的能力都是大问题。

　　看着已经部分掉了漆的摄像机，工作人员觉得这可能又是自己一时脑热，有些异想天开了，还是先冷静一下

槭树叶在花青素的作用下由绿变黄、再变红

野化阶段

值班室桌上有一个 MP3，不知是谁用来听音乐的。工作人员脑海里突然闪过一个想法：这玩意既然可以录音，不就可以代替摄像机了吗？

马上试验。工作人员蹲在大熊猫旁边录下了一段声音，放出来能听到大熊猫吃竹子的声音清清楚楚。这不就是想要的效果吗？看来之前的想法并非异想天开，完全可以实现啊！

听大熊猫吃竹子的声音

山林　潜移默化

修改过的伪装服送来了。试了一下，依旧让人失望：衣服还是太厚，头套很热，厚重的纤维在雨天会吸水，穿着变得更笨重。最重要的，是把人脸完全暴露了出来，这是不行的。衣服的设计还要继续改。

抵近年末，工作人员想再尝试一下称"淘淘"的体重，但它好像是故意跟人作对。秤台在旁边，它就是不上去，吃完奶一直跟母亲玩耍。而只要工作人员一靠近，它就跑开。等工作人员走远了，它再返回母亲身边……就这样来来回回折腾了几十分钟。

母子俩只顾玩耍，根本不配合称体

怕人、躲着人，这不就是所有人一直在追求的效果吗？这时，站在围栏外的工作人员特别像含辛茹苦的家长，明知道孩子会因为学业而离开自己，但还是要送他去读书："只有多读书、学习好，才能出去见世面……"现在好了，孩子的学习成绩倒是优秀，跟父母的关系却变得疏远了。人们注视着"淘淘"，一种莫名的难受在心里翻涌。

今天是冬至，一年中白昼时长最短的日子。

时间又到了一年的末尾，雪线从关门沟的山顶慢慢往下移动。随着气温下降，越来越多的积雪让山谷里的水量逐渐减小，皮条河也恢复了宁静。

春生夏长，秋收冬藏。山林间最后一片树叶缓缓落下，仿佛拉上了天地间的幕帘，向即将过去的这一年告别。

这一年"淘淘"的变化很大，从顽皮懵懂变得心事重重。"穷人的孩子早当家"，小小年纪的它仿佛知道生活的不易，略带忧郁的眼神里似乎总有操不完的心。

凝固在悬崖上的瀑布

跟其他圈养的大熊猫幼仔都不一样，它从不讨好工作人员，甚至知道如何绕开所有的监控头。到了下半年，工作人员从监控上发现它的机会更少了。

光靠一个"淘淘"还撑不起偌大的野化培训项目，好在今年新出生的幼仔也差不多都三个月大了。以后每年都会有新鲜血液的加入，陆续形成一个野化培训梯队。在这个队伍里，年龄不一样，血缘不一样，但是所有成员都有着相同的成长环境、受训模式和"回到野外"的目标。

山林　潜移默化

项目计划在今年的发笋时节将这对母子转移到更大的培训圈去。

这个培训圈的面积相当于二十四个标准足球场那么大！不仅面积大，圈的围栏也不一样：是两层结构。第一层是由四根电线组成的电网；第二层是铁丝网，用来保护电网不被其他大型动物破坏。虽然电压高达四五千伏但由于是直流电，瞬间的高压会带来痛感，动物可以避让，所以不会直接致命。

经过修缮，围栏已经恢复，监控也已安装到位。

新培训圈的双层围栏

野化阶段

　　MP3 的电池只能用四个多小时，这个时间太短，很有可能录的全过程大熊猫都在睡觉。为了能有更长的录音时间，工作人员从市面上找到一款能用十多个小时的 MP3。但可能是低温的原因，最后的测试结果也只能录八九个小时。

　　有人建议改用录音笔，一种专门用于采访录音的设备，声音更清晰、电池也更持久。

山林　潜移默化

新鲜事物的出现，总会伴随着质疑。录音笔这事也不例外
一部分人觉得很有意义，想积极尝试，但有几个人觉得
可行性不大。经过多次商议，最后所有人统一了意见：
"就算这个办法行不通，也要亲自证实一下。"

工作人员把录音笔放进铝皮空心管，再用胶布把铝管
缠在皮带上，做成一个轻便的简易颈圈。经过春节后的几次实
工作人员已经能从录音里分辨出几种主要的行为。虽然不多，
但这已经算是很大地鼓舞了，更重要的是证明了这个努力的方
是正确的，值得继续下去。

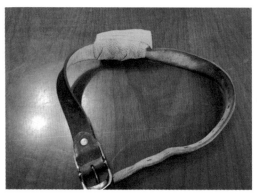

工作人员想尝试给"淘淘"佩戴录音笔颈圈，但又怕出现任何意外。有人建议用几股棉线搓在一起替代皮带，这样既有足够的强度固定在脖子上，同时又不像皮带那么坚韧，危急关头"淘淘"自己也能挣脱。

"淘淘"在山上，不管是皮带还是棉线，万一半夜三更真的被卡住或吊在树上，那就算工作人员整晚守在树下也来不及救援啊。项目走到今天不容易，真不敢因为收集数据而有啥闪失。

思考了几天，工作人员还是决定试试。但只用三股棉线，这样更细一点，也更安全。为了让"草草"放心，所有东西都让它提前接触过，它熟悉所有的气味。

10：30，工作人员给"淘淘"戴好录音笔颈圈，摁下开关，转身就离开了。从监控屏幕上看到"淘淘"似乎还没回过神来，站在原地不知所措。

山林·潜移默化

今天，工作人员把录音笔和颈圈取下来查看，完好无损，又把录音拷到电脑上播放，所有细节都听得很清楚：

前三分钟没有任何声音，从第四分钟开始，"淘淘"叫了一声，然后听到了开始吃奶，吮吸声一直持续了十四分钟……然后陆续出现了吃竹子、走动的声音。

工作人员太激动了！这是上山以来第一次真正了解到"淘淘"在没有人为干扰情况时的自然行为。看来用录音笔记录行为这条路是走得通的。

随着录音工作的进展，工作人员从中能分辨的声音类型越来越多了。包括日常的进食、走动、吃奶，甚至还有睡觉。

跟人一样，大熊猫睡觉的声音很有规律，偶尔还能听出呼噜声。年幼的"淘淘"也会打呼噜，但比母亲的声音小了很多。

今天，工作人员还称到了"淘淘"的体重：31.6 公斤。

2012 年以来，工作人员和"淘淘"之间仿佛达成了某种默契。不管是戴颈圈还是称体重，只要"草草"在场就有可能办到，否则根本无法完成。而工作人员和"淘淘"之间也不需要任何交流，双方好像都在给"草草"面子。

听大熊猫休息和饮水的声音

山林　潜移默化

皮卡车在回核桃坪的路上，跟迎面而来的一辆越野车发生了严重的碰撞！

当工作人员赶到现场的时候，车子的引擎盖完全变了形，油、水漏在地上，还有很多车辆碎片和点点血迹。
车上的伤员已经被送走，挡风玻璃碎了一地，只有副驾驶前面还有一点玻璃像一片蜘蛛网贴在那里，而且还凸出一块。
仔细一看，像是被人的脸生生挤变形的。

最后得知：车上一人颅内出血，另一人受到较重的外伤，玻璃上的印子就是面部撞击形成的。除了手术，
两人还需要一段时间的恢复调养。这让所有人都感到意外，更感到揪心。可是没多的时间留给大家了，转圈的准备工作要开始了。

野化阶段

戈长 迎接考验

个时期的大熊猫幼仔相当于青春期的孩童，对外面的世界充满好奇，
于探索更广阔的天地。但在这之前，必须经过一系列的考验，
人们证明自己有走出去的能力。

在长期的进化过程中，大熊猫和竹林之间已经形成了良性的互动。大熊猫懂得利用最佳的采食策略让竹林自我维持成为长期可持续利用的食物来源；而竹林也适应了大熊猫的采食习惯，具有了较好的自我调节能力，能够维持种群的良性发展。

但是一期培训圈面积本来就不大，又经过一年多的超强度利用，培训圈里面的竹林有点承受不起了，很多地方仅剩下老秆残桩。要让这片竹林得到休养，这对母子就必须离

两个培训圈相距几十米，把大熊猫装笼子里抬过去即可。

被过度采食的竹林

上午，工作人员用竹笋把"草草"引诱进了笼子，没多久，"淘淘"也进了笼子。整个过程安静又顺利，准备的麻醉方案最终也没用上，非常好。

里予化路介建设

面对新鲜而陌生的环境，母子俩极为高兴，因为这里海拔更高、面积更大，地形更复杂。最让它们高兴的是，现在正是拐棍竹的发笋季。不光每天都有竹笋从土里发出，而且发笋的地点也很难猜测。这让母子俩有玩游戏的新奇感，走一路、找一路、吃一路，如同"打地鼠"一般，既饱了口福又锻炼了身体，从早到晚快乐地吃着。

这个月的录音记录也证实了这一点。在二十四小时里，"淘淘"花费在采食竹笋上的时间多达六七个小时。在发笋前，这个时间还不到十分钟。

这段时间母子俩忙着吃笋，工作人员经常围着圈走一圈都看不到它们。

但这一次，工作人员听到了一种神秘的声音。既像急促的口哨声，也像泡沫在玻璃上快速摩擦的声音，还有点像睡觉时鼻子不通的呼吸声，又什么都不像……反正很难描述。而且总是伴随着大熊猫采食的时候偶尔出现。工作人员仔细想了培训圈的各个角落，似乎也没觉得哪里有什么不对劲。

工作人员隔着围栏看着"草草"。由于没带食物，"草草"逗留了几分钟后就自己离开了。也没走很远，就在不远处的竹林里寻找竹笋。

突然，竹林里传来了录音里那种的奇怪声音。工作人员第一反应："是竹鼠！"

等屏住呼吸静下来听，声音又没了。工作人员认为"草草"在和竹鼠抢食，于是赶紧寻找更好的观察角度，准备今天要把声音的来源弄个明白。

看上去"草草"并没有跟其他动物发生争斗，静静地

大熊猫采食拐棍竹竹笋的样子

站在那里。它很快就吃完了一根竹笋，然后采食寻找下一根。

只见它低下头，咬住竹笋下部，轻轻往上一拉竹笋就拔出来了。同时工作人员听到了那种奇怪的声音。

原来那就是笋芯被拔出来时跟笋壳摩擦的声音，怪不得声音又尖利又短促。这下终于搞懂了！

中华竹鼠 (*Rhizomys sinensis* Gray) 是一种啮齿动物，依靠竹子生活，也算是大熊伴生动物。由于个头小，吃得不多，所以对大熊猫的生存并不能构成威胁。

野化阶段

皮卡车经过车祸的撞击，似乎彻底报废了。除了车子，核桃坪的录音笔也连遭不幸。

不知道是不是"草草"不愿意泄露孩子的隐私，5月份以来它已经两次把"淘淘"的颈圈扯断，把录音笔咬坏。

这让人很费解，也很心疼。再次购买时，工作人员寻找电池更持久、体积更小巧的录音笔。

被"草草"蛮力破坏的录音笔

从录音实验的结果来看，效果还是不错，日常的主要行为都能记录下来。用这个办法记录行为，比现场拍摄和监控都要好用。但是如果要推广应用的话，要解决的问题还很多，比如颈圈装置的改进等。

比起这些，目前培训工作更急需做的是动物实验。预计下半年的国庆节前后，"淘淘"就会进入真正的野外。在那之前，要让"淘淘"知道野外环境中有哪些"邻居"动物这其中包括同类动物，也包括其他种类的动物。

在野外，几乎没有其他动物能对成年大熊猫的生命构成威

最后定型的伪装服，穿着的感受比之前好太多

但是豹、黑熊、狼、豺等猛兽对防卫能力弱的个体来说是个不小的威胁。

很有必要让"淘淘"了解这些潜伏在周围环境中的动物。

第三次修改的伪装服送到了，这一次终于获得了工作人员的认可。

野化阶段

　　14：40，工作人员冒着小雨在一个无异味的干净木板上涂抹黑熊粪便，放在"淘淘"附近的空地上，然后退到远处观察。

　　15：04，在树上排了四枚粪便的"淘淘"开始下树。

　　15：14，"淘淘"靠近木板，开始嗅闻黑熊粪便。用左前爪碰了一下木板，很快放下，转身离开。伴随着急促的呼吸声，它找到一棵最近的树爬了上去。

　　15：16，"淘淘"坐在树上哼叫，而且嘴角明显有大量唾液分泌。这个表现让工作人员始料未及，可能是黑熊粪便的气味让它不舒服了。

工作人员将黑熊的粪便涂抹在木板上

　　慢慢地，"淘淘"分泌的唾液开始变少。工作人员数了一下，在一分半的时间里"淘淘"淌了三滴口水下来。

　　最后，小雨变成了大雨，"淘淘"也不愿下树，只是哼叫着表达自己的不满。

连续多日的降雨终于停止，天气开始放晴。

工作人员将一只雌性大熊猫"小茜"带到了培训圈里。"小茜"比"淘淘"小一岁，但它俩的个头非常接近。

这是一场特意安排的见面，工作人员要让"淘淘"对自己的同类有一个了解。到现在，"淘淘"只接触过自己的母还没有与同类互相交流的经历，更没有与同类竞争的概念。

不远处的"淘淘"开始慢慢靠近"小茜"。

虽然同样是黑白相间的外表，但眼前这个家伙显然不是自己的母亲，"淘淘"带着好奇和警惕不断地

"淘淘"慢慢接近对方

嗅闻对方的气息。

"小茜"也看见了"淘淘"，并主动向其示好。还未等 "淘淘"猛地发出一声吼叫，向着对方冲过去。"小茜"吓得魂飞魄散，掉头就跑，飞一样消失在远方丛林里。

"淘淘"没追多远就停了下来，工作人员赶紧上前查看，怕"小茜"爬上树。还好，可怜"小茜"没跑多远，站在不远处的灌丛里不知所措。工作人员走近，发现它似乎都快哭了。

野化B阶段

工作人员找来了金钱豹的仿真模型，又从动物园找来了金钱豹的尿液，并且录下了声音，希望"淘淘"从视觉、听觉和嗅觉三个方面感受。

在竹笋的引诱下，"淘淘"用两分半钟的时间走到距离金钱豹模型一米处的地方，认真地观察、嗅闻，没有表现出害怕。但它不时地观察身后，似乎做好了随时逃跑的准备。

工作人员按下了播放键，随着金钱豹的声音响彻山林，"淘淘"迅速爬上了附近一棵树，一口气爬到了约七米高的

"淘淘"被金钱豹模型吓得够呛

树杈上，歪着脑袋来仔细辨别声音的方向。

声音停止后，"淘淘"开始慢慢下树。不料刚回到地面，金钱豹的叫声再次响起。这一次，"淘淘"没有爬树，而是出人意料地往远处飞跑，一溜烟地翻过了前方那道小山梁。

离开的时候，一位工作人员的手不小心触到了电网，只听到啪的一声，人就被弹开了，整个身体都麻了。因为在平时巡圈的过程中，需要清理电网上的倒树朽木、枯枝落叶，经常不小心挨到电线，他早已习惯了那种被电击的痛觉，所以他就像什么都没发生一样。

成长 迎接考验

核桃坪是典型的"前不着村、后不着店",距离卧龙镇七公
距离耿达乡十八公里。

今年的雨季快过去了,卧龙还没有发生大的次生灾害,
路也没断,一直有车经过。

这几天,在核桃坪门前的减速带附近总能发现掉落的
莲花白。这些鲜嫩爽口的蔬菜原本是要运往外地,
由于司机装得太满,沿途很容易因为颠簸而掉落。

吃过晚饭沿公路散步,工作人员总能抱几颗莲花白回去。
大家算着日子,再过一段时间小金苹果该熟了。运气好的话,
一天能捡六七个苹果,也够补充维生素了。

莲花白:也称卷心菜、包菜、圆白菜,云南、四川、贵州称为莲花白。

野化阶段

234

带上山的午饭自然少不了莲花白。可以是头天晚饭吃剩的炒莲花白，也可以第二天带新鲜的上山去煮。当然，肉不能少。

一边吃着水煮莲花白，工作人员一边统计"淘淘"这一年半的爬树记录。发现它对树种并没有要求，并不存在专爬哪几种树的情况。培训圈内的树它几乎都爬过：野核桃、连香树、槭树、麦吊云杉、松潘鹅耳枥、糙皮桦、华西枫杨、钝翅象蜡树、红麸杨、冬瓜杨……

从天敌实验也验证了这一点。紧急关头，保命要紧，它在爬树前根本没时间对树种进行鉴别。只是它爬的树都不小，

树上是个不错的选择，既能躲避天敌威胁，又能远离寄生虫的侵扰

平均胸径三十多厘米，平均高度接近二十米。在这片山林里，这已经算是大树了。

这些都是它在长期学习的结果，也是丛林教给它的生存之道。

成长 迎接考验

今天，大家最关心的放归结论出来了。经过评估，大家认为"淘淘"已经具备了基本的生存能力，可以放归到野外了。这相当于是一张通关文牒，"淘淘"凭此可以进入野外生活。

另一个重要信息是放归工作将要在一个叫"栗子坪"的地展开。

核桃坪的工作人员感到茫然："在哪里？"大家赶紧在地图查找栗子坪在什么地方。终于找到了！在雅安石棉县有个叫栗子坪的地方，继续往南走就是凉山州了。"怎么放那么远，我还以为就在卧龙附近呢。"

提到石棉县，有人回忆起 20 世纪 90 年代有个叫赖宁的扑火英雄，他就是那里的人。哇，好遥远的地方，好久远的回

当陪伴成了习惯，存在就变得理所应当，甚至会忘了期阳但当分离的倒计时开始，才会突然意识到这一点。从这时起，每个人心里开始有了一丝不舍。

野化阶段

关于录音笔的技术，下一步需要完善颈圈，需要验证数据的准确性和一致性。不过工作人员现在都没时间和精力顾及，因为放归的时间就定在国庆节过后，所有的准备工作要在半个月时间内完成。

最关键的问题就是如何能抓到它。不管是体检还是运输，前提都是要先抓到。虽然前面几次给它戴录音笔都比较顺利，但不代表当天也顺利。一个方案是提前几天蹲守，能抓就抓。实在不行，就用另一个方案：直接麻醉。

紧张的准备工作之余，所有人感慨：老觉得这一天很遥远，

" 依偎在母亲怀里，似乎知道要分别了

当这一天真要到来的时候，时间又过得好快！

成长 迎接考验

颈圈已经准备好。"淘淘"对此已经非常熟悉，
这东西在母亲脖子上挂了一年多。

颈圈上面最大的白色部分是电池和感应器，同时也记录数
由于重力作用，这"一大坨"位于大熊猫下颌部。
这样正好可以让天线正对着天空，信号也更好。天线不仅要
发无线电信号，同时也要接收卫星信号，将存储的数据
发送到接收机。旁边的黑色方形盒子是脱落装置，
当电池耗尽时会触发其中的磁片，颈圈立即自动松开、脱落，
并发出报警信号。

天线

脱落
装置

电池和感应器

一支崭新的颈圈

还有一种情况也会让颈圈发出报警信号，
那就是颈圈在二十四小时内没有发生移动。一般来说，
有两种情况，一是大熊猫遇到了危险；二就是颈圈被扯下来
报警信号只持续二十四个小时，所以人们在收到报警后
必须尽快找到颈圈，才能处理突发情况。否则信号一旦丢失
要想在茫茫山林中找到一支静悄悄的颈圈，那就非常困难了
在野外，颈圈成了"淘淘"和人之间唯一的联系。

野化阶段

昨天的抓捕工作很顺利。有"草草"在场，"淘淘"一边吃着竹笋，一边跟着母亲乖乖地进了笼子，今天的体检工作才得以正常开展。

颈圈电池能维持一年半，电量耗尽颈圈才会自动脱落。"淘淘"正值身体发育的青春期，在未来一年半的时间里，身体各方面都会有所增长。现在给它戴颈圈，不能太紧，也不能太松，还必须要估计到它在今后一年多的时间里的发育情况。

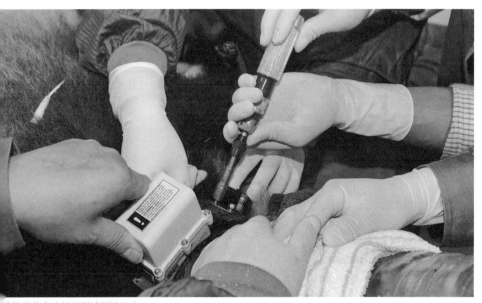

放松的状态才便于调试颈圈尺寸

成长 迎接考验

天刚亮，几只红嘴蓝鹊从半山腰飞扑而下，在路灯下、鱼塘边跳来跳去，聒噪地寻找着食物。它们是核桃坪一天中最早的访客。

没多久，载着"淘淘"的车子也从核桃坪出发了，车上还有一位工作人员作为"娘家人"陪同前往，将在那里待一段时间。其余工作人员站在大门两侧欢送车队的离去，就像两年多前欢迎培训队伍到来一样。

车厢里的"淘淘"依然有些恍惚，窗外景色变化很快，它意识到生活将发生巨大改变。

送别"淘淘"前，工作人员再来一次合影

"再见了，核桃坪！"

"再见了，妈妈！我没有机会再见到你，估计我再也不会回来了

"我会想你的，很想很想你，想你的时候怎么办？"

车队离去后，所有人回到值班室坐着，没有一个人说话。那感觉很像毕业第二天的校园午后：地面被阳光晒得发亮，树叶在热风中摇曳，散伙饭的酒劲还没过，整个人像丢了魂不知道该干什么。

"他会自己长大远去，我们也各自远去……"，歌词写得很轻松，但每个工作人员的心里还是有些失落。

因为"淘淘"是一只特殊的大熊猫，围绕着它的是800日夜的陪伴守护：有担惊受怕，有左右为难……这份经历独一无二，所有人对它的爱已经浸入到心底最柔软部位，让这份感情更加纯粹，就像被大雨洗刷过的天空。

野化阶段

2010
10
10
—
2021
08
13

淘淘的故事在栗子坪继续

下
篇
放归阶段

四川省栗子坪国家级自然保护区

全国野生大熊猫分布于六大山系中，其中的秦岭山系、岷山山系和邛崃山系大熊猫数量多、密度大；相比之下，凉山山系以及大、小相岭山系的大熊猫数量少了很多。栗子坪保护区就位于小相岭山系，保护区总面积仅相当于卧龙保护区四分之一。当地的野生大熊猫分布密度并没有因为面积小而显得大，因为数量实太少了。在 2012 年之前，栗子坪的野生大熊猫数量仅十余只。

　　在综合了"濒危小种群""保护区生境状况""当地野生种群遗传背景"等条后，科研人员将栗子坪保护区选定为大熊猫复壮的放归地。人们在这里放归"淘？希望它能与当地种群交流，并将基因传递下去。

勇气 拥抱自由

去了围栏的限制，即将进入真正的荒野，这需要勇气。
了帮助它拥抱自由，人们不得不二十四小时轮流工作，
无线电来了解它的情况。

栗子坪保护区属于石棉县，是四川省雅安市最南端的一个跟凉山彝族自治州的冕宁县、甘洛县接壤。路途遥远，加上车速不快，装着"淘淘"的厢式货车已经在路上行驶了好几个小时，这种遥远的感觉就像"要跟从前断了所有联系"。

不同于人类搬家的大张旗鼓，动物的转运需要尽可能减小刺激，同时还要避免与人类过多接触。因此，如同蒙上盖头的新娘，车厢里的"淘淘"并不知道车厢外面的情况，也不会提前得知未来的生活会怎样。然而，一路的摇晃和颠簸是它从未经历过的，它隐隐预感到

栗子坪国家级自然保护区的 6 块管护区域

自己将和曾经的生活说再见了。

车队的目的地，就是位于半山腰的公益海保护站。整个保护区被划分为公益海、大洪山、竹马河、孟获城、紫马、姚河坝六大片区，每个片区都有相应的保护站，公益海保护算是其中条件最好的，所以放归和监测工作选在这里展开。保护站距离 108 国道仅十多公里，早年间的林区道路一直

放归阶段

延伸到山上，这给后期的监测工作提供了不少的便利。

　　离开国道，车队沿着小路驰往大山深处。这条林区公路几乎贯通整个公益海林区，穿过彝族村落，沿着阿鲁伦底河蜿蜒向前，最后逐渐消失在茫茫山野。

　　此时，公益海保护站已经拉起了横七竖八的电线，一盏探照灯大剌剌地亮着。三口大铁锅架在院子一隅，柴火正旺，为锅里的饭菜保持温度。院子里不时有车辆开入开出，与放归活动有关的人陆续来到站上，人们互相打着招呼，围坐在大圆桌旁边吃边聊。

　　而最终打开笼门的地点选在海拔更高的麻麻地，距保护站约十公里，是山上的一处平缓的开阔地。麻麻地是个彝语词汇，意思就是"大平地"。站在这里，可以看到一条山梁蜿蜒向东北，与其余山梁交汇，那便是麻麻地主梁了。一条闪烁着点点光芒的溪流，从山梁右侧流出，转了一个弯后，悄声消失在左侧的竹林里，最后经地下的暗河汇入干流。

　　经过多年的退耕还林，如今这里已经看不出人为活动的痕迹，早年种下的杉木也已超过了十五米高。

　　随着天色渐暗，山林也隐入寂静之中。只有保护站依然人声鼎沸，这并不适合"淘淘"休息。厢式货车直接开到麻麻地，从核桃坪随行而来的工作人员将在这里陪伴它度过离开核桃坪的第一晚。

5：00，保护站已陆续有人起床了。第一次接手这么大的事情，所有人心里都激动又忐忑。

在紧张有序的大氛围中，"淘淘"反而是最从容的。放归仪开始前，工作人员担心现场的噪声会影响到"淘淘"，于是小心翼翼地凑近查看。发现有限的空间，嘈杂的声响和混乱的气味都没有影响到它。它已经吃光了工作人员喂给它全部竹笋，正蜷在一堆笋壳中睡觉，并没有表现得很烦躁。

此时，保护站已经派出两组人马在山林中待命。其中一组登上了麻麻地山梁上的一个小山包，另一组蹚过阿鲁伦底河，

测量信号的方位角

登上了放归点南面的一个小山包。这两个地方都比较开阔，无线电接收范围大，无论"淘淘"往哪个方向走，监测队员都容易接收到信号，便于实施跟踪。就位后，两组人员用对讲和放归现场保持沟通。

天空微雨，略有凉意。

10:30，放归笼的门终于被打开。"淘淘"缓缓走出笼子没有立马跑开，它似乎还没从美梦中醒过来。

两天的舟车劳顿，让"淘淘"有些疲惫，而且浑身又湿显得它格外瘦小，似乎走不出几步就会被脖子上的颈圈压垮

放归阶段

从核桃坪陪伴而来的工作人员心都揪紧了：它能行吗？

曾经的陪伴即将迎来最后的分别，工作人员的眼里全是不舍。两年多的陪伴，工作人员亲历了它的成长；两年多的成长，让它有了单挑荒野的勇气；两年多的勇气，让它和朝夕相处的工作人员一起变得坚强。

看着"淘淘"站在那里，说好的坚强却在最后这一刻彻底瓦解。工作人员此刻觉得内心有千言万语在汹涌，却说不出一个字。当周围所有人都在鼓励"淘淘"向前走的时候，工作人员却退缩了，悄悄看了看一旁的领导，心里说："不行就不放了，我带它回去……"

"淘淘"最终还是奔向了山林，从人们的视野里消失了，山林也很快恢复了宁静，短暂的喧哗仿若不曾有过。

监测工作随即开始。二十四小时不停歇，队员们轮换着上班。由于相隔较远，公益海站上无法接收到麻麻地的颈圈信号，每半小时一次的监测让人不可能有时间回站上休息，所以队员们只能在临时监测点轮换着值守。

所谓监测点，其实就是麻麻地路边的两间废旧水泥房。没有电也没有水，一共不过十几平方米，简陋得只有十几块砖和一张靠窗的桌子。对于监测队员而言，暂时艰苦一点都无所谓，他们更在意"淘淘"过得怎么样。

每天 17：00 是换班的时候，在接下来的一段时间里，监测队员们就要轮流在山中守着日月更替了。

无线电监测是"淘淘"放归后最主要的工作内容

监测队员每天重要的工作就是"打点"，也就是接收颈圈发出的无线电信号，通过三角定位法来了解"淘淘"的位置。研究者在不同地点利用接收器天线，指北针，同时找出讯号最强的方位角，这些方位角交错处即动物所在位置。但无线电容易受到地形影响，出现较大偏差。另外，虽然通过音量大小也能判断出"淘淘"的远近，但没有方向作为参考，只能知道"淘淘"是否跑出了接收范围。所以，信号方向和音量大小都只能作为参考，只有卫星定位数据才能作为最终的依据。

颈圈除了发射无线电信号，内置的数据模块也会每隔一定时间记录大熊猫所在的经度、海拔高度以及活动数据。只不过为了减少电量消耗，这个模块平时处于休眠状态。下载数据的话需要连接卫星来激活颈圈。下载数据后，在电脑中通过作图来了解大熊猫这一段时间内的活动情况。为了让颈圈能多工作一段时间，监测队员不会轻易下载数据。

在电量耗尽后，颈圈就会自动脱落，并发出报警信号，监测队员在收到信号后必须尽快搜索，找到颈圈。

听无线电发出的声音

　　早在数月前，栗子坪保护区就成立了指挥部，不仅负责放归后的监测，也要配合各方的工作：制定监测方案、测试颈圈设备、扩建停车场、安排仪式流程……现在随着"淘淘"走进山林，更多细碎的工作也陆续展开了。

　　石棉玉山竹在麻麻地这一带广泛分布，却是"淘淘"之前没有遇到过的竹子种类。监测队员来到放归地，想看看它是否开始吃竹子了。

　　找了一圈，并没有看到任何大熊猫采食的痕迹，在河边也没有发现活动的痕迹。监测队员在一个稍高的地方发现了一处抓痕，旁边还有粪便，初步判断是黑熊的痕迹，这让监测队员有些担心。

　　雨，不知不觉下大了。搜寻没有什么结果，所有人也只得撤回到监测点。无线电信号声音正常，让人心里稍微平静一些。信号方向略有变化，"淘淘"似乎又往河边去了。

天气很凉，早上只有几度。

由于昨天搜寻的区域面积太小，监测队员打算今天扩大范

把附近这一片区域仔细搜寻一遍，查看"淘淘"的采食情况。

监测队员一边找寻"淘淘"的活动痕迹，一边按半小时一

来打点。从无线电信号来判断，"淘淘"应该还在放归地附近活

监测队员打算先从放归活动现场进去。没走两步，

就在昨天放置放归笼的地方发现了六七团新鲜粪便，

往主山梁方向的地方还有一些零散的粪便，这些粪便里

主要是竹笋，含有少量的竹叶。看来"淘淘"应该是回来过，

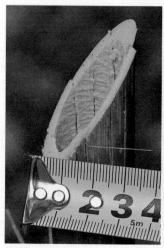

竹竿粗细对比从左到右为丰实箭竹、石棉玉山竹、峨热竹

把工作人员准备的竹笋吃完了。

可是它并没有对这成片的石棉玉山竹下口。

这里海拔在两千米左右，生长的都是高度四米左右、

直径约两厘米的石棉玉山竹。

栗子坪的竹子主要是丰实箭竹、石棉玉山竹、峨热竹这三种。当地大熊猫主要是
分布在海拔三千米以上的峨热竹采食，偶尔会到较低海拔来吃一些石棉玉山竹，几乎
采食海拔最低的丰实箭竹。

放归阶段

搜完这片区域，监测队员发现只有两三根较细的石棉玉山竹被"淘淘"咬折。这算不上大量采食。

"如果不能正常进食，它要怎么活下去呢？""它还太小了，这么粗的竹竿太难咬断。""应该是不习惯这种竹子，以前在卧龙吃的是拐棍竹。""到高海拔地方也许要吃。"……

众人纷纷猜测着，最终也没有一个更好的解释。吃东西这事，只能它自己来，谁也代替不了，不管好吃、难吃都要吃，这是活下去的基础。监测队员按要求将情况详细上报后，认真地采集了粪便样品。

信号不正常要发愁，信号正常也要发愁。

虽然今天的无线电信号正常，但位置没有移动。

监测队员心里犯嘀咕：怎么不动呢？

信号不动的原因很多，可能是大熊猫在睡觉、也可能处在排黏期、还可能一直在一地吃东西，但不完全排除生病、受伤等异常情况发生。

只要不是亲眼看到，监测队员就放心不下。

几位性子急的队员一咬牙："找！累一点没事！没看到它，我回去都睡不踏实。"

按照信号的方向一步步前进，刚走到放归现场附近，监测队员就看到了浑身脏兮兮的"淘淘"。面对十多米开外的监测队员，"淘淘"就跟没看见似的，漫无目的地顺着栏杆走了几步。

"淘淘！"有人轻轻喊了一声。它抬头看了看监测队员，然后慢慢走进右方的竹林里去了，对周围的人视而不见。监测队员到附近竹林里查看，只发现几根被折弯的竹竿。

"还是没怎么吃竹子，肯定是竹子不可口。"

"可能是想妈妈了。""新环境，不习惯呢！"人们一边叹息一边猜测着。

两名心急的监测队员实在看不下去了，跳上摩托车骑到很远的地方，砍了一大捆鲜嫩的峨热竹回来。这是当地野生大熊猫的主食竹，监测队员希望"淘淘"会喜欢吃了才能尽快恢复体力。

下午，转运笼被送上山来。这是最后的退路，如果"淘淘"继续不吃竹子，体力不支，就要关进转运笼带下山去治疗。

放归阶段

兽医上来了，也带来了新的指示：停止投喂竹子。

监测队员在放归点的红外相机里发现了豹猫、黄喉貂、豪猪，但是没有"淘淘"，它没有回来过，也没有采食峨热竹。

搜寻无线电信号，发现"淘淘"转到另外一方的林子里了，根据活动速度判断，状态还可以，于是监测队员退回到监测点，还是每半小时定一次位。

16：00，监测队员在右边竹林里发现了采食的迹象，许多两年生的石棉玉山竹的竹叶被吃了，地上还有大熊猫休息过的痕迹。

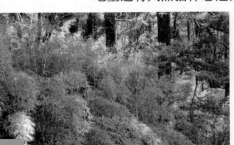

美味的峨热竹，在远方等待着"淘淘"

监测队员心情都随之放松不少："肯定是它。终于还是吃了，吃了就好，饿不着了！"

一路发现的粪便仅有两三团竹叶便，监测队员没有采，因为"淘淘"刚到新地方，粪便也是它的标记物之一，有助于它逐渐熟悉和扩大领地。

忽然，前方传来动物活动的声响。监测队员停住脚步望向那方，随即便听到了"淘淘"在树上的哼叫声。大熊猫能发出多种声音来传达亲近、恐吓等信息。此时，"淘淘"似乎感到不安，迅速爬上了树，并呜咽着表达警告和不满。

吃了竹叶、有警惕性、活力恢复，看来身体状态不错。虽然没看清"淘淘"的身影，监测队员对"淘淘"信心大增，慢慢退出了林子。

只要有时间，监测人员就会去捡河岸边的树木残骸，拖回去当柴烧。另外，大家计划把监测点厨房的塑料棚子换成铁皮的，因为塑料布撑不了多久，很快就会破掉。

勇气 拥抱自由

　　"牦牛群就在附近，我在路上看到蹄印了。"回到监测点，
一位年纪较大的监测队员说。
　　这群牦牛是周边的居民买来在山上放养的，
牛主人却任其自生自灭，完全不来管理。由于长期缺乏管理，
这群本是家养的牦牛也就慢慢变得野性十足，
给监测队员造成了不小的威胁。"一群还好，就怕遇到独牛。
希望不要给'淘淘'造成威胁啊。""还好不是食肉动物。
山上不是也有黑熊吗，只要避开，'淘淘'没有问题的。
现在它的天敌，主要还是豹猫、黄喉貂那些。"

林区路上的牦牛

　　独牛是因为竞争失败而离开群体的，这种牛脾气暴躁，
遇上什么动物都会主动挑衅，对人的威胁很大。

放归阶段

　　森林里的小苗要长成参天大树要经历太多的风雨，竞争，搏杀，甚至是意外。周围的植物一旦超过自己，将头顶的窗口占据，能获得的光照就越来越少，逐渐失去生存的机会，慢慢枯萎、腐烂，最后沦为对手的养料。

　　植物如此，动物亦如此。

　　"淘淘"目前的首要任务就是多吃东西，让自己活下来，先在这片森林中站住脚。让人欣慰的是，它的采食痕迹越来越多了。竹子的韧性非常好，给"淘淘"造成了一些麻烦：它够不到高处的竹叶，而竹竿又太硬，很难一口咬断。但聪明的它有自己采食竹叶的方法。

　　它先在竹竿上咬一口，咬断部分纤维，让竹竿无法回弹，再把上半部分往下拉。拉不动的时候它就再来一口，又继续拉，直到把竹叶部分拉到自己嘴边。所以它吃过的竹子都被咬而不断，成了"五节棍"或者"六节棍"的样子，被它努力地拧成了麻花状。

　　采食这一关，"淘淘"算是基本闯过。

勇气　拥抱自由

远处，层层山峦已经染上斑驳秋色，片片雾霭在山腰间流

阿鲁伦底河是保护区内最长的河流，林区公路从麻麻地开
就是跟着河流奔跑，但是河流的延伸比公路要远得多。

在麻麻地这里，河滩宽阔，大部分河岸被杂灌占据。
目之所及，大大小小的石头占据了河滩，堆积成高高低低的小
或是围出一方水坑。可以想见，曾经河水泛滥之际，
阿鲁伦底河奔流之势不可阻挡，在石滩中冲击出众多沟壑来。

一些大树躯干淹没在石头之中，仅凭数人之力，
根本无法撼动。这些是长久以来积累在河滩中的痕迹，

流淌不息的阿鲁伦底河

印证着自然之力。

当地人把这些木头叫做"水涨柴"，由于容易获得，而且
这种柴成了监测队员最喜欢收集的烧火柴。几天下来，
大大小小的枯树枝就堆满了水泥房的墙角。

"淘淘"的信号变得有点弱了，似乎在往麻麻地
主梁旁边的山沟移动。不用慌，它现在不过还在熟悉环境，
走动是正常的。

放归阶段

这两天，监测队员发现了二十多个"淘淘"的休息处，多是紧挨树桩、倒木、大石等能遮风挡雨的地方，或者直接在竹林里休息。说是卧穴，其实就是一个被"淘淘"身体压出的坑。不管下面是泥巴、野草，还是撕落的竹竿皮、拉出的粪便，全都被压平。监测队员在"淘淘"待的地方还发现了很多粪便。

为了获得足够的能量和营养，大熊猫必须多吃，这导致它的粪便也很多。圈养的大熊猫一天拉出十多公斤粪便都是常态，野生大熊猫采食量更大，每天的粪团数量十分惊人。

"淘淘"采食的痕迹和粪便

一般来说，粪便越多说明大熊猫在这里停留的时间越长。

竹子的养分低，大熊猫也深知这一点。只要不是发情期，大熊猫会把睡觉以外的几乎全部精力和时间都用在采食上面，这两者基本是1:1的比例。没有特殊原因，它们才不会干别的。对它们来说，玩耍的事情基本等同于"虚度光阴"。

所以采食和休息占据了大熊猫一天中绝大部分的时间，吃是为了摄取能量，休息是为了减少消耗。大熊猫常常蜷缩着休息，其目的就是为了减少身体表面积，降低身体的热量散失。

除了哺育期的母兽外，大熊猫对休息的地方不太讲究，不会像鸟类那样费劲地去建造巢穴，也不会固定待在某个地方。虽然这片区域内有两三个大树洞，但"淘淘"没有到树洞里面去休息。它就像流浪者一样，随遇而安，不奢求有房屋建筑栖身。

勇气 拥抱自由

开展大熊猫监测工作，通常是骑摩托车。在狭窄的林区路
摩托车相比汽车更为灵活，也更为经济划算。

　　虽然林区路在放归仪式前平整过一次，但下雨之后
路面依然非常泥泞，运气不好还会遇到隐藏在水面下的暗坑，
所以在这样的路上行驶需要分外小心，有些地方根本没法骑车
只能下来推着走。

　　今早，两辆摩托载着四个人往麻麻地去，要替换昨晚值班
同事。上山路才开过一半，就跟牦牛群狭路相逢。

这一群牛大大小小总共有十多头，看样子是一个大家庭，

坐着摩托车疾驰在林间

远远地跟监测队员对峙着，把本就不宽的路挤得满满当当。
较年长的两人上前观察情况，他们也养过牦牛，
在与牛的相处中比其他人更有经验。"估计是想下山吃盐巴了
他们猜测着，不过现在手头谁也没有盐，也就只能把牛群
往林子里驱赶，好让队伍先过去。一人大声吆喝起来，
捡下一根树枝驱赶牛群。"跑起！跑起！"大声吆喝的同时，
骑车的人轰着油门让摩托车发出巨大的轰鸣声，
牦牛群终于跑动起来，牛蹄飞扬，感觉整片山都在抖动。
跑过几个弯，前面就是监测点，牛群继续高速向前奔跑，
像一列失控的火车。听到响动，在房子里值班的人全都跑出
眼看就要撞上了，赶牛的人急得大喊："快进去！快躲起来！

　　已经来不及了，站在路上的人还没来得及躲避，
牛群已经乱作一团。有几头冲下了河，有几头钻进旁边草丛
其余的调转牛头朝着摩托车冲来。情急之下，

放归阶段

摩托车只能往沟渠里面开，骑车的和坐车的连滚带爬地蹿进了灌木丛。等牦牛群跑远，人们才从林子里出来，腿上、脸上都有擦伤，也顾不得那么多了，一瘸一拐地扶起摩托车回到路上。

逃往河边的几头牦牛全天都在停车场的路口晃悠，监测队员们一天都没敢去那里，看来，这些牦牛对"淘淘"没什么影响，对人的影响倒是很大。

确认了牦牛群已经远离麻麻地，监测队员才敢放心地进入林中调查和采样。

"大熊猫以竹为食"，是非常宽泛的描述。大熊猫对竹子的同种类，不同生长阶段和不同部位都是有选择的。选择的核心的就是吃营养价值更高的，用少量的付出得到高额的回报。

"淘淘"现在采食石棉玉山竹竹叶，这样的选择跟石棉玉山竹的营养成分有什么关联呢？这就需要科学研究来解答。监测队员要做的工作之一，就是采集石棉玉山竹的不同部位，为实验室分析提供样品。

野外采样

记录下经纬度、海拔、坡度等地理信息；测量竹子的高度基径；剪取不同年龄、不同部位的竹子，装入密封袋；再装上几团粪便。这就是采样工作的全部内容。

从野外回来后，监测队员要及时处理样品。

四五个人挤在不足十平方米的地方，一人一个小板凳，面前放着样品袋。一边忙碌着手上的事，一边互相报着样品练为的是集中注意力，不至于混淆。

放归阶段

　　也许是之前的采食危机让大家看到了应急准备的不足。
下午，监测队开了一个会议，调整"淘淘"监测的应急方案。
　　将动物放归自然的案例不多，加上大熊猫的特殊性，
可以说是毫无借鉴可言。现在必须重新审视一下各方面的问题，
提前明确谁来决定、谁来做、如何做，做好规划不至于
临时乱了阵脚。

雨后，一条彩虹出现在公益海保护站上空

勇气　拥抱自由

昨天下过雨后，天气一直是阴沉的。

玻璃上的红色瓢虫和打屁虫少了很多，不过窗台上仍然残留着一股难闻的气味。

在放归之前的很长一段时间，站上的人想要洗澡，都要走一公里外的山沟里去用温泉水来洗澡。后来，人们在那里搭了棚子，把热的温泉水和冷的地表水引入房间，兑成温度合适的澡水，这条沟也就被称为"温泉沟"。

用温泉洗澡，这听起来很浪漫，但是在山上摸爬滚打了一白天，回到站上天都快黑了，这样的情况下是没几个人愿意跑

放归前不久，一场泥石流席卷了温泉沟，将洗澡房夷

野山沟去洗澡的，尤其在冬天。而且，野外时常有熊、野猪出天黑以后单独外出也比较危险。

保护区下决心在"淘淘"到来之前把公益海保护站的基础件设施提升一个档次。新建了两层的专家楼，修了一座大门，两栋旧宿舍楼外墙进行了装修，重新铺设了院子里的石板地面

其中最人性的就是完善了下水系统，规整了卫生间，配上电热水器，让洗澡不再是个困扰监测队员的难题。疲惫的时候出门就能有热水洗澡，真是幸福得想笑出声来！

监测队员今天下载了"淘淘"的颈圈定位数据和活动数据。数据清楚地显示出"淘淘"这些天的活动轨迹：前六天，它大部分时间都在放归点以东大约两百米的竹林里活动；12 日那天它一直穿行了七百米到林区公路，然后又退了回去；六天后，它走了五百米的路程，转移到放归点西南边，待了三四天后才开始沿着山梁往高海拔移动。

对于一个新的环境，"淘淘"可以说是非常谨慎了，它并不会频繁更换活动区域，在一个地方待上大概五天才换到新的地方去。活动强度也不大，每天接近一半的时间都在休息，体力应该保持得很好。

勇气 拥抱自由

在监测点做饭，是除了监测"淘淘"之外最重要的事。

在大家的齐心协力和分工合作下，柴火变得日益充足。

由于吃面条很方便，所以从放归开始，队员们已经在监测点吃

太多顿的面条。但大家越来越想念米饭，大部分人已经觉得难

毕竟都是南方人，对于面条的情感不是那么深，

大家更渴望吃米饭和炒菜。

今天，山下保护站送来了猪肉、莲花白、小白菜、豆腐，

还有新的锅碗瓢盆。终于可以吃米饭了！大家齐动员，

把肉改成条状，一条条挂在柴火上面，接受炊烟的熏烤。

监测队员在简陋的"厨房"里做饭

这样，肉既不会变质，也可以慢慢具有腊肉的味道。在四川农

人们认为用柏树枝熏出来的腊肉更香。

于是，有人找来了很多柏树枝，

头脑中都开始想象各种用腊肉炒的菜了。

放归阶段

早年间有森工队在这片山林驻扎，伐木工习惯用数字
给山沟编号。比如：3沟、4沟、5沟、6沟、7沟、8沟、
206沟、305沟、2800沟……后来成立了保护区，森工队撤走了，
但这些特殊的名字保留了下来，跟其他地名一起沿用至今。

考虑到公益海保护站距离放归核心区太远，
如果要在大山深处开展科研调查，光往返路程就耗费太多时间。
所以保护区在老206沟沟口附近修建了一座野外监测站。

天气晴朗的时候，监测站的玻璃外墙在阳光下闪闪发亮。
房子里面有独立的小隔间，每间都有上下铺和透气窗，

大山里的"玻璃房子"

公共活动区有带烟囱的壁炉，有带马桶的卫生间。监测站背后，
有一个小型水力发电站，为整个监测站提供电力能源。

这简直就是梦寐以求的山林小别墅啊！足以满足
在不受到野外环境威胁的状况下无限亲近自然的美好愿望。

如果需要到高海拔地区跟踪监测，那队员们就可以
搬到这里来住。所以监测队员们天天都在想："淘淘"啊，
尽快往高海拔地方去吧，我们也就可以离开那个简陋的水泥房，
到这里来住别墅了……

勇气 拥抱自由

　　"淘淘"还是慢吞吞地探索新天地。根据近几天的
监测结果来看，"淘淘"还在海拔两千六百米左右的地方，
只是走远了一些。

　　在这片荒无人烟的大山，夏季短暂，冬季漫长。
刚进入 11 月份，温度就很低了，估计降雪很快就会到来。

　　温度低，加上野外工作的体力消耗大，对蛋白质的需求也
挂上去的肉条连皮都还没熏黄就被队员们吃掉了。

　　下午，监测队员们在站上开了个会，把冬季的监测工作
进行了具体说明。按照工作计划，目前二十四小时的监测
还要持续要一段时间，如果"淘淘"情况稳定的话，
之后就不用值夜班了。

放归阶段

下午，两个监测队员找到前几天"淘淘"采食过竹子的地方，开始记录、测量。

监测队员各自专心致志地做着手里的活。

忽然，远处传来动物咬竹子的声音，监测队员相互看了一眼："不会是'淘淘'吧。"两人又听了一会儿，感觉附近确实有大熊猫在吃竹子。随即看了看时间，15：40。

在野外，人类远不如大多数动物那么灵活。

如果现在两人走过去查看，发出的动静肯定会惊扰到吃竹子的动物。

道路在秋天的山林中若隐若现

"算了，不打扰它吃竹子，等下载了数据再说。"

监测队员压制住想去瞧瞧的冲动。调查采食痕迹的时候，本来就是要记录坐标的，监测队员打算与"淘淘"的颈圈定位比较，来确定今天遇到的是不是"淘淘"。只要知道它平安就好，离得太近，反而可能是一种伤害。

勇气 拥抱自由

下载的数据证实了队员们前天的猜想：确实是"淘淘"。

从图上看出，前天 15：00，"淘淘"和监测队员
相距不到百米。一个小时后相距就变远了，估计"淘淘"
是受到监测队员采样的影响，自己离开了。

在这两千六百米左右的海拔，监测队员还发现了很陈旧的
大熊猫粪便，已经发黑了。旁边有折断的竹竿和撕掉的竹竿皮，
也是早就干枯了。这是因为，厚重的积雪将高海拔的竹子压倒，
导致无法采食，野生大熊猫才下到低海拔来。虽然低海拔的
石棉玉山竹不如峨热竹那么好吃，但也只能应付着填饱肚子。

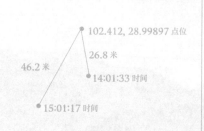

下面两个点分别是 14 点和 15 点时"淘淘"的位置，上
面那个点是监测队员的位置。监测队员与"淘淘"近在
咫尺，但却没有见面

保护站有人曾经在海拔两千四百米左右的地方发现过
野生大熊猫的粪便，这个高度已经非常低了。

这些粪便"淘淘"肯定已经看到了，也嗅闻过了。
它们已失去原来的气味，对"淘淘"来说，也许跟泥巴无异。
但终究那刻在基因里的本能，将指引它走向同类。
看来"淘淘"与这里的野生大熊猫必将相遇。

放归阶段

今天，"淘淘"的无线电信号正常，监测队员都认为
这一天即将平静地度过。

17：00，骑着摩托车上山换班的队员在即将到达监测点的
路上，看见左边林子里蹲着一个人。他脑海里的第一反应是
某个同事在上厕所。但是很快觉得不对，谁上厕所会蹲在路边
这么明显的位置啊？

为了规范如厕地点，也尽量避免不小心"踩雷"，
大家早已约定在通往2800沟的一条荒废小路上集中如厕。

摩托车速度很快，迎面而来的急转弯很快就带走了
他的注意力。不到一分钟，车子就到了监测点。

"咦？"看到站在路上准备下班的人，上来的队员惊讶了：
"你们都在啊？我刚看到有人在那边上厕所，还以为是你们……"

另外三个人员听他一描述，也非常奇怪，整个白天
他们并没有遇到有人从这里经过。大家断定，
那肯定是一个陌生人。"咱们一起去探个究竟吧，要不这一晚上
心里不踏实啊！"于是几个人决定一起去寻找。

天色渐晚，道路两侧的灌丛里已经看不太清楚，
只留下黑乎乎的一片。

找到了！那人还在那里，可能是因为寒冷，他在地上蜷缩着。

未知的是最可怕的，现在既然已经看到了也就没那么可怕。
几个人壮着胆子上前查看，发现是个女人，短发乱蓬蓬的遮住脸。
浑身脏兮兮的，虽然衣服都完好，但已经辨不出颜色。
她两眼迷茫，不管问什么，她只是偶尔嘟囔着，
没人听得懂她在说什么。

几个人把她带到监测点，让她烤火。然后泡上一桶方便面
端给她。但始终无法跟她沟通，对方似乎缺乏清晰连贯的
语言表达能力，让人无法知道她的身份。监测队员只能打电话
给森林公安，请求援助。森林公安连夜开车上山，
将她带回了县城。

但是这个人是如何走到麻麻地的，真是一个谜。

勇气 拥抱自由

放归一个月了。正如人们期望的那样，"淘淘"
逐渐往高海拔地区移动。不过之前它是在山沟两侧活动。
今天，监测队员在山脊上也发现了"淘淘"的采食痕迹。

对动物而言，山沟和山脊各有优势。在山沟里更容易
找到水源；山脊上比较平整、干燥，竹子长势比较好。
研究资料显示，野生大熊猫喜欢活动在坡度不大、向阳的山坡
麻麻地山梁的山脊，从西南往东北抬升，正好就是阳坡。
"淘淘"跑过来，也许是这个原因吧。跟人一样，动物们会选
好走的路，这样对它们来说在移动中消耗的能量会较少。
走的动物多了，林子里就隐约显露出一条通道，科研人员称为
"兽径"。有的时候，人类开辟的小路也被动物们利用起来，
也算是兽径。山脊也是很多动物迁移的通道。对保护区人员来
兽径是非常有利用价值的，一是这些路相对容易走，
二是在这些路上来往动物多，用红外相机能够拍到许多珍贵的
今天，监测队员在查看"淘淘"痕迹的过程中，就顺着山脊
布设了十台红外相机。

除此之外，监测队员还另有收获，在采食场中发现了
两团粪便，里面没有竹叶，都是竹竿，呈深黄色。要知道"淘
放归后几乎是以竹叶为主，现在这样的粪便，说明"淘淘"
开始采食竹竿部分了，而要吃竹竿，就必须把竹竿咬断。
是不是"淘淘"的采食能力和技巧提高了呢？有可能。
是不是"淘淘"察觉到季节变化导致竹子的不同部位成分
变化了呢？也有可能。还有其他的猜测，不过监测队员
不能靠猜测来得出结论。

按捺着心中的激动，监测队员只采了一团粪便带回去
测量咬节。另一团就留给大自然吧，证明"淘淘"曾经来过

咬节：熊猫咀嚼不细、消化率低，粪便中残留大量长度和形状都保存较完好的竹茎，这些竹茎片段被称为

方归阶段

终于要改造监测点的厨房了。

中午，有人来监测点查看房子情况，还量了尺寸。
这几个人都是当地公益海村的彝族村民，
他们的家就在保护站下方的公路旁。

这些村民的祖祖辈辈都生活在这里，奔跑在山林中，
有着大量野外经验，他们的有些本事让专家都钦佩。经验丰富、
认真踏实，加上本地优势，这些村民经常和保护区打交道。
这次，修建一个铁皮屋的小事情当然也难不倒他们。

记录下尺寸，几个人就下山了。只要所需的材料送上来，
他们很快就能完成改造工作。

勇气 拥抱自由

从拖乌山方向过来的冷空气翻过大小垭口，侵入了保护区各个角落，站上的温度很快就降到了零度。加上湿度大，感觉非常冷。

无线电监测和样方调查两项工作都在继续。去高山布设红外相机的监测队员回来说，海拔三千多米的地方已经下雪了。

公益海保护站上，来了四位硕士研究生，他们做的研究都跟大熊猫、竹子有关系，据说陆续还有人要来这对于围绕"淘淘"的科学研究很有必要，毕竟这样的研究机会太珍贵了，必须要好好把握。

面对远道而来的学生，保护站的人必须表现出特有的热情这个方式就是吃饭。平时站上来了人，不管是工作原因还是私人关系，都可以成为大家吃饭的理由。有些会做饭的队则会叫上所有人到自己的宿舍去聚餐。

虽然环境不够高档，菜肴不够精致，但聚餐的气氛丝毫不简单的饭菜更容易让人放松，这不仅有利于彼此的沟通，更有助于疏解工作中的压力，让队员们之间的相处更像一家人

放归阶段

　　昨天，监测队员从下载的数据上看到"淘淘"活动正常，对周围新环境的探索仍然是小心谨慎，每天的移动只有几百米。跟圈养大熊猫一样，它的作息也是睡几个小时起来活动，活动几小时后又睡。

　　如果它的情况稳定的话，二十四小时的轮流监测将在今天就画上句号。大家都很期盼今天一切稳定，没想到先盼来了一场雪，是今年栗子坪的第一场雪。

　　雪不大，没下多久就变成了雨，一直到今天早上 5：00 多才停。早晨起来，发现树叶上挂着冰凌，草地上铺着薄雪，天气阴沉着，冷飕飕的，冬季正式到来了。

　　听到接收机中传出稳定的无线电信号，监测队员知道今晚上可以不用守夜了。晚班的日子结束了，这让所有人的心情都轻松了很多。今年的雪比往年晚了一个多月，似乎也是老天格外开恩，据说往年最早在国庆期间就开始下雪了。

勇气 拥抱自由

适应　未来可期

过一个多月，人和大熊猫在各自的领域适应着新的生活，
在相互熟悉对方。在度过了最初的阶段后，
淘淘"将会深入丛林深处探寻新的大陆。这是机会，也是风险。

　　"淘淘"的移动方向一直比较固定，监测队员打算在"淘淘"前进的方向上预先安装红外相机。虽然拍到的可能性不但总值得尝试。

　　经验丰富的人了解野生动物的习性，知道它们在哪里饮水从哪里经过、在哪里休息，也就懂得在哪里安装相机能提高拍摄效率。安装好之后，剩下的工作就是定期来更换电池和储存卡了。

　　公益海保护站上终于接通了网络，太好了！再也不用到县城里去发邮件了。

安装在树上的红外相机

红外相机的工作原理

　　当红外线感应到环境中较大的物体在移动时，相机就会自动拍摄。所以红外相机在不干扰动物的情况下拍摄到最自然的画面和视频。在野外监测中，红外相机的应用广泛。

看红外相机拍到的野生动物

放归阶段

虽然"淘淘"的竹节便早已不是稀罕之物了，但监测队员还是更偏向采集竹节便。因为在测量咬节的时候，测量竹竿的结果比测量竹枝、竹叶更准确。另外，竹节便通过肠管的时候，更容易带出肠道表皮细胞，可以用作 DNA 分析。

因为昨天监测队员刚下载了"淘淘"的位点数据，所以今天按图索骥，顺利地采到了最新鲜的粪便样品，并称了称所有粪便的重量。哇，差不多有十七斤！也就是说，它至少吃了十七斤新鲜竹子。

"十七斤，天呐，它还只是个孩子呢！要是个成年大熊猫不知道能吃多少！"有个队员惊讶之余，忍不住好奇，顺手摘了几片竹叶塞进嘴里，想看自己能否消化得了。无论他怎么嚼，怎么努力，那几片叶子始终在嘴里打转，就是咽下不去。最后他不得不全部吐出来，并感叹："最嫩的叶子口感都这么粗糙，真不知道它是怎么把竹竿嚼碎了吞下去的。"

不一会儿，监测队员听见了远处大熊猫吃竹子的声音。

肯定是它！这里有最新的活动痕迹，那么"淘淘"停留在这附近的可能性很大。大家都想近距离确认一下它的健康状况，于是几个人朝着声音的方向悄悄走去。

"淘淘"很快就察觉到了监测队员的动静，扔下手中的竹竿，转身就跑。监测队员不罢休，几人分散开从不同方向朝着"淘淘"追去。

"淘淘"从容不迫，轻快地爬上了一棵杉树。待监测队员走到近前，"淘淘"已经警惕地到了高处。曾经的培训可不是白练的，现在爬树对它而言易如反掌。

看到"淘淘"身体状况不错，也没有任何受伤，队员们悄悄往下山的方向退去了。

虽然还没有到下大雪的时候，但在野外工作的时候已经感觉很冷了。空气中的水蒸气在夜间凝结成一层薄冰附着在植物表面，到了第二天中午都不会融化。

爬山的时候，有时需要抓住身边的植物来借力或者稳定身没抓几把，冰碴就会沾在线手套上，随着冰碴慢慢融化，浸透冰水的手套戴起来格外难受。稍作休息的时候，监测队员就会脱下手套，拧干水后再重新戴上。胶手套会好一手心一面是涂了胶的，不过手背那一面没涂胶，也是会进水。

对很多人来说，冬季的晴天有着非常美好的意境。

手套都能拧出水来

温暖的阳光让山林里响起了滴滴答答的声音

可是对监测队员来说，雪后的晴天太恼人了。树枝树叶上的冰在太阳的照射下逐渐融化滴落，走在林子里就跟下雨似的，浑身湿透。偶尔一团冰雪从天而降，倏地落进温暖的脖领子里那感觉……无法形容，太难受了！

所以监测队员宁愿冒着雪上山，也不喜欢晒着太阳上山。只要遇到雪后的晴天，都要等太阳多晒一晒，让树上的冰雪落得差不多了再出发。

冬季，交通安全才是最重要的事情。林区路面有很多积雪冬季都会结冰，特别是在阴坡的地方，结冻的路面在整个冬天都很难化开，在这种又滑又窄的道路上开车、走路都非常危险推着摩托车的队员必须小心翼翼才能顺利通行。

放归阶段

随着"淘淘"对这方山林的熟悉和涉足区域的逐渐扩大，
要发现"淘淘"的新鲜粪便也变得不那么容易了，
更别提要亲眼看到它的身影。

更多的时候，监测队员只能通过信号方向和定位数据
来了解它的位置，看它出现在哪个方向，哪道山梁，哪个位置，
每天活动多少时间。

相比动物园里人和动物的亲密接触，对"淘淘"的监测工作
是很不一样的，不仅很难看到动物，而且非常辛苦、单调。
但同样需要一颗热爱动物、热爱自然的心。

监测队员对这样的景色习以为常

监测队员终于不用骑摩托车上山了。因为有工作车了，坐在四个轮子的车里，感觉安全性大大增加，而且也不用吹冷风了。

不仅地上有厚厚的雪，连树梢、竹叶、竹竿上都堆上了雪裹着一层薄冰。车子就一路碾着积雪碎冰艰难前进。

冬季里做样方调查是一件痛苦的事。穿着雨衣，落下的冰和雪不一会儿就将帽子打湿，水顺着前额流到脸上，滴在样方表格上。摘下的一把竹叶在手中轻轻一摇，还发出"叮叮"的响声，冰碴一会儿就凝在手套上，

防滑链突然崩断，队员们在途中抢修

又被体温融化。站在雪地里，脚趾头很快就僵了，队员们不得不靠原地跺脚来恢复知觉。

这个时候，再漂亮的雪景也不会让队员们留恋了。在大家的眼中，只有信号的强弱、朝向以及地上的脚印、竹子粪便。

放归阶段

麻麻地监测点的铁棚子建好后，房子外面搭建的临时塑料棚很快被拆了。

有了牢固的铁皮厨房，监测队员都非常高兴，第一时间就把炊具、木柴、板凳都搬了进去。但很快，大家就发现凡事都没有完美。

改建的时候似乎大家都忘记了做饭是要烧火的，烧火是有烟的。虽然现在冷风灌不进来了，但做饭的烟也很难出去。一开始生火做饭，浓重的炊烟很快就能弥漫整个屋子，最后从四个角的小孔微微冒出。远远看去，还以为是春节前赶制腊肉的小作坊。

做饭的时候置身其中，又是烟又是灰，很快就涕泪横流，没几个人待得住。有的人宁愿在冰冷的水泥房里面也不愿把自己变成腊肉；而有的人就在外面吸一大口气进来烤火，气吐完了再跑出去待一会儿，再吸一口气又进来烤火……如此反复。

在这个条件下还能坚持做饭的队员不多，所以饭菜质量略微有点下降也没有一个人抱怨。

适应 未来可期

天空飘着小雪，监测队员在朦朦胧胧的雾气中前进。竹林里面，隐约可以分辨出一人宽的兽径，豪猪的脚印在雪地清晰可辨，豹猫的粪便上落了层薄雪。

昨天监测队员发现了"淘淘"三天以内的竹节粪便，还有剥下的竹竿青皮，今天要在附近再次搜索。

很快，一位年长的队员发现了有价值的线索：在兽径旁，有一根拧成麻花样的竹竿，不远处还有一根类似的。

忽然，监测队员听到在右前方山坡上有明显的响动，离得最近的一名队员迅速赶过去，只见一个黑白色身影

逃到树上的"淘淘"

正往山坡下溜。

"是淘淘！"那个监测队员激动地喊了出来。"我看到它的颈圈了！"说完他迅速跟上了那道身影，其他人员听到后也马上赶过去。眼看就要追上，"淘淘"爬上了一棵大树，这下队员们没办法了。

不过这倒是一个拍照片留资料的好时机。

放归阶段

队员们赶紧用对讲机联系了保护站，请人以最快速度
带着相机上来。

　　过了会儿，只见"淘淘"显得有些烦躁，在树上变换着姿势。
监测队员担心它会强行冲下树，目不转睛地盯着。
只见它抬起身子，翘起了尾巴。

　　"要排便了！快把手摊起，捡宝咯！快去！"
监测队员相互怂恿着。

　　这肯定是最最新鲜的粪便，但"淘淘"的位置离地面
将近 10 米高，落下的粪便不是砸在树干上散开，

明亮刺眼的雪地，很容易留下动物的足迹

就是砸在手上散开，到最后也没有接到一个完好成形的粪便。

　　一枚枚"天屎"从高处落下，很多中途就被树杈碰得粉碎，
漫天黄沙一般簌簌落下。"淘淘"在树上拉得淋漓尽致，
监测队员在树下冒着被砸中的危险，探着身子把稍微完整的粪便
装在样品袋里。

　　排完便，"淘淘"安静地趴在大树枝丫上，和下面的人对峙着。
白茫茫的天，挂满冰花的枝条上，"淘淘"精神奕奕，
毛色都比放归时亮了许多。大熊猫喜冷怕热，冰天雪地
睡觉也满不在乎。

　　人跟它没法比。等到拿来相机拍完了照片和视频，
所有人都冷得不行了，大家赶紧往回撤。明天就冬至了，
这天冷得似乎连烤火都烤不热和了。

　　昨天，队员们又请工人来，重新将厨房的顶棚升高，
留出足够的空隙让炊烟排出去，解决熏人的问题。

适应　未来可期

　　天亮以后，大家发现水小了很多、水压也明显不足。尤其是住二楼的人，早上起来差点没洗成脸。农历的"二九"就这么狼狈，到"三九""四九"咋整？

　　大家赶紧把所有的水龙头都拧开，让水流动着，防止管道结冰。厕所里也盛满两大桶水，以备不时之需。

　　住在二楼的人都到院子里洗漱，也有人端水或者提水回去。这样一来，热水器就成了摆设。每天上山都出汗，一两天不洗还能忍受，十天半个月不洗，恐怕互相都闻不惯对方身上的气味吧。

一晚上雪都下得紧，天亮时已经堆得很厚

　　解决办法还是有的，就是去温泉沟。

　　实际上，附近村民长期用温泉洗澡，已经养成了习惯。虽然之前这条沟被泥石流冲过，让原有的路都变了样，但没过多久，当地村民就清理了河床，在没有路的地方用木板架桥，然后重新在温泉出水口挖出一个大坑，贴上白瓷搞出了一个简陋的露天温泉池。

　　每次洗之前，要自己兑水。有两根管子分别引溪水和温泉，按照自己的需求放冷热水。水量很小，要放满水池，差不多要花半个小时左右。一旦脱了衣服下池子，就要随时注意路的尽头，万一有人出现就要高喊，让来的人在下方等一会儿，避免尴尬。

　　不过在渴望洗澡的人眼里，这些困难都算不上什么。

放归阶段

今天，监测队员在打了信号往回走的路上，
遇到森林公安的车迎面而来。对方说接到报告，
有人在山上发现了可疑人员，问监测队员有没有看到。

这么一问，监测队员想起在去老 206 沟的路上
远远地好像看见了几个人，等走近了又没看到什么。
当时由于距离太远，队员们都以为是眼睛花，看错了。
当时由于注意力集中在打信号，所以对路边一片伏倒的杂草
都没有起疑。现在听森林公安的人这么一说，才回想起来
可能真的是有几个人在那里。

冬天的栗子坪虽然算不上"千里冰封，万里雪飘"，
但自然条件也非常恶劣。想不到除了监测队员，还有一些人
出没在这样的荒蛮之地。

大家不由地担心起来。因为不清楚可疑人员的身份，
更不清楚他们是干什么的，但他们的出现让监测队员对"淘淘"
充满了担心，于是一众人向森林公安描述了当时的情形后，
急忙返回打信号的地方，然后准备下载"淘淘"的数据。

下载数据需要连接卫星，通过卫星来唤醒沉睡的颈圈，
所以每次下载数据都会加速消耗颈圈的电量，但监测队员们
实在不放心"淘淘"，怕它跟可疑人员靠得太近，所以还是下载了
它的数据。有位队员情绪很激动，一边操作机器一边咬牙切齿：
"敢动'猫'，老子弄死他……"

回到站上，队员们通过作图发现"淘淘"前几天
就已经到大林场区域了。那里远离道路，离发现可疑人员的地方
更远。它是主动躲避的吗？监测队员不得而知，不过悬着的心
总算稍微放了些下来。

适应 未来可期

森林公安在山上搜捕了三天也没有任何结果，在林区公路出口也没有挡住什么可疑人员。

不过这样的行动还是向附近的居民传达了保护的理念和保护大熊猫的决心，打消了一些人想要上山的念头。目前，最好的办法就是让当地民众参与到保护工作中来。

有一位当地青年，从小跟着父亲在这片山里摸爬滚打，积累了大量野外经验。了解山势地形，会看脚印痕迹。随着保护区工作的增加，他也跟着参与了一些临时任务，到野外给研究人员当向导、背物资。

被冰雪封住的竹子

在与山林、动物打交道的过程中，他发现这是非常有意义事情，而且自己也很擅长。于是在保护区招人的时候，他积极报名，并顺利通过了体能、笔试等层层考核，加入了"淘淘"放归后的工作中来，成了监测队伍的一员猛将。

放归阶段

虽然距离新年还有半个月，但监测队员们都开始讨论着回家过年的事，兴奋之情溢于言表。不料一直都很稳定，让人放心的"淘淘"在这个时候跟大家开了个玩笑。

今天，它的信号突然变弱，弱得仿佛马上就要消失，监测队员只能勉强听出信号的滴滴声，但不能判断信号的方向。同时，在它的活动区域也没有发现新鲜粪便。它跑哪儿去了？

为了更好地接收信号，
队员们恨不得爬到树梢顶上去

适应 未来可期

监测队员扩大了搜寻的范围，希望能找到信号较好的地方下载到数据，看看"淘淘"到底跑哪儿去了。

监测队员首先在林区公路的不同地段监测信号，从麻麻地往下依次是九倒拐、大林场沟，往上是麻麻地沟和老206沟。能尝试的区域都尝试了，无线电信号依然非常微根本无法下载数据。

监测队员首先猜测的就是"淘淘"在较深的沟谷里活动，信号被两面的峡谷阻碍，所以很弱。还有可能就是"淘淘"去了更远的地方。全天的监测结果，只有在大林场沟口

车辆无法行驶的时候，队员们只能下车走路

接收的信号要相对强一些，大家综合判断后计划明天深入大林场沟去搜寻信号。

等不到太阳把树上的雪晒化，监测队员一早就出发了。
一组人员到麻麻地继续监测，另一组直接进了大林场沟。

这条沟水量充沛，溪流长年不断。沿着沟谷前进，
一会儿路在左边，一会儿路在右边，队员们不得不多次过河。
没有现成的桥，只能从露出水面的石头上跨过去。

常年的水流冲刷和湿润的空气，让这些石头表面非常湿滑。
弹跳能力好又胆大的人员敢直接踩着石头连续地跳过去。
但大多数人，还是选择谨慎地把泥巴沙土撒在石头表面，
增加摩擦力，再小心地踩着过河。

低温让雪花凝结成星芒状

监测队员爬上一个小山包，"淘淘"的颈圈信号变强了。
队员们稍微放下心来，然后赶紧尝试了一下，居然真的下载到了
数据。

赶回保护站，监测队员将数据导入电脑后作图一看，
向来规规矩矩、谨慎开拓领地的"淘淘"一反常态，几天前出现
了长距离的转移，甚至通过了大林场沟，到了完全陌生的区域。
怪不得之前的信号那么微弱，原来跑远了。但是为什么会出现
这么大范围移动，大家还是感到迷惑不已。

监测队将这异常情况进行了上报，指挥组决定启动紧急预案：
沿着"淘淘"的活动路线察看，试图找出它移动的原因。

适应　未来可期

全体监测队员一早就出发上山，按照地图所示，直接前往"淘淘"的活动区域。

监测队员在麻麻地海拔两千九百多米的地方发现了一处大熊猫的粪便，新鲜程度大约在一星期前。最关键的一点，这不是"淘淘"的粪便。

虽然粪便大小跟"淘淘"的差不多，但旁边的采食痕迹却完全不同，竹竿都是被直接咬断的，竹叶的断面很整齐。

显然，这是当地野生大熊猫的粪便和采食痕迹。而这也就"淘淘"大范围移动的原因，它应该是感觉到了陌生同类的靠近

胶鞋被浸湿，脚趾头冷得麻木

而采取的回避策略。

在野外，大熊猫一般是有自己的领域，过着独居生活。成年大熊猫没什么天敌，最大的竞争来自同种个体，也就是其他大熊猫。特别在发情期，雄性个体为争夺与雌性的交配权会发生激烈的打斗。"淘淘"现在尚未成年，打不过成年个体，进入别的大熊猫领地是会被驱逐的，而最好的生存策略就是回避，避免一切无谓的争斗。

监测队员为"淘淘"的机警和果断感到开心，也对它今后的生存有了更多的信心。

放归阶段

　　大风从山岗上刮过，也刮来了"淘淘"的无线电信号。
信号的来源偏向老 206 沟，"淘淘"像是在回避着野生大熊猫。
　　监测队员今天分成四组，再次仔细搜寻了
"淘淘"这段时间的活动区域，找到了新鲜粪便。结合无线电信号
分析，队员们判断它是从大林场沟又回到麻麻地区域了。
　　既然"淘淘"回来了，那一切工作都恢复正常，
大家也可以好好过春节了。

希望一切都朝着好的方向前进

适应　未来可期

不知不觉间，"淘淘"已经到了海拔两千九百米的区域，大林场沟已是继麻麻地之后的第二个主要活动区域。但是光凭海拔高度还是无法确定"淘淘"是否找到了峨热竹。

在大林场区域，海拔三千米往上的区域才有峨热竹分布。在麻麻地的主梁子上，石棉玉山竹与峨热竹的交界线在海拔两千九百米左右。

在峨热竹林中，似乎天空都更亮一些，色彩基调从褐色深转变成新绿，挺直如栅栏的竹竿被纤细柔软的枝条取代，清风吹过，竹叶间仿佛能听见喃喃细语。

放归阶段

昨晚一场春雷过后，不知哪个设备出了问题，保护站陷入了黑暗。今早起来发现还是没有恢复供电。

打信号的接收机没电了。本来计划昨天充满，无奈晚上电闪雷鸣的，怕接收机被打坏，不敢充。这下停电更充不了了，不知道什么时候才来电呢。

虽然保护站旁边就是一个电站，但保护站的用电似乎很难保证。线路经常出问题，不是变压器坏掉，就是某个保险又被烧了。

这里常常一停电就是三四天。因为这是个四级电站，也不知道是没人值班还是值班人员不会修，每次都要等山下的人上来才能恢复供电。

看来这几天保护站上又只能靠聊天过日子了。

适应 未来可期

根据"淘淘"最新的活动位置，监测队员找到它的采食场只见一年生的峨热竹被"淘淘"一口咬断，取食了中段的竹竿，将竹梢上部丢弃；被"淘淘"咬过的稍粗的竹竿则保留了麻花样式。附近还有一些很陈旧的采食痕迹，干枯发黑的粪便明显比"淘淘"的要大，这应该是野生大熊猫以前留下的。

"淘淘"自己找到了鲜嫩可口的峨热竹，监测队员判断它会在这里待较长一段时间。不过，既然都爱吃峨热竹，那么在这里遇到当地野生大熊猫的概率也会增加。

清理冰柜里存放的样品

放归阶段

担忧 命悬一线

进入春天，一直很稳定的颈圈信号就报警了。

大熊猫受伤了还是颈圈出问题了？人们不知道。

务之急就是尽快找到颈圈，找到大熊猫。

对茫茫荒野，这谈何容易？

监测队员刚开始为"淘淘"顺利吃上峨热竹而感到高兴，颈圈就发出了警报，信号频率变快了！

频率变快，代表着项圈在二十四小时内没有发生移动。之前还从来没有出现过这种情况，难道"淘淘"出事了？

紧急应急预案再次启动，所有监测队员接到通知后第一时间赶回保护站。大家的神经和肌肉又紧绷起来，迅速找出背包、胶鞋和迷彩服。

中午，监测队员一起出发，向着信号指示的方向开始搜寻

在海拔三千米左右，"淘淘"本月初活动区域附近，队员们收到了比较好的无线电信号，但信号强度不够，下载不了数据。所有人立刻散开，展开大范围的搜寻。

两个多小时以后，除了几处较为新鲜的采食痕迹，再没有其他发现。天色向晚，监测队员不得不打道回府。

此时，颈圈报警的消息传回了卧龙。核桃坪的人听了，第一反应就是"完了，肯定完了"。

吃过晚饭，全体监测队员在会议室聚拢。大家从近期的工作记录中进行逐条梳理，并结合每个人的回忆，希望从蛛丝马迹中找出各种可能性。

其实大家心里都明白，报警代表颈圈二十四小时不移动，这无非就是两种情况：一种是项圈脱落，掉在地上没动；另一种就是颈圈还在，大熊猫没动。对监测队来说，都不敢想象最坏的结果。

所以大家纷纷从记录和记忆中寻找各种证据来回避最坏的可能："前两天还有信号，看采食状况都还正常。""这里没有特老熊的粪便好像也没看见。""也没有其他大熊猫过来的迹象，没有打斗的痕迹。"……

找不到明显的线索，所有人只能回到各自房间，为接下来的搜寻工作储备体力。但是忐忑不安的心情让人辗转难眠。

放归阶段

5:00，手机收到卧龙方面发来的短信：八几年的时候，卧龙五一棚的大熊猫因为消瘦，皮下脂肪变薄，自己能把颈圈给抓下来。现在也不排除有这个可能性……

六个搜寻小组一早出发，重点在无线电信号强的区域搜寻"淘淘"踪迹，组与组之间用对讲机保持联系。

从早到晚，这一天的搜寻把人累得半死，却没发现什么有价值的信息。

担忧 命悬一线

直到今天下午，监测队员才在山里有了新的发现。

在麻麻地梁子上靠近大林场沟的边缘，监测队员能打到比较强的信号，越往上走信号越强。最后，在三个不同方向接收信号的三支天线都指向了同一棵大树，而且大树附近有很多大熊猫的粪便。

虽然没有在树上看到"淘淘"的影子，但树干上留下了明显的抓痕，新鲜的痕迹一直向上延伸到十多米高的树洞口。

这是一棵高度超过 20 米的冷杉，树干挺拔，树洞口比人的脑袋略大些。看着高大笔直的大树，

树下的目光聚焦在爬树的人身上（图为队员手绘）

队员们都不敢相信自己的眼睛：难不成"淘淘"在树洞里面？

一位监测队员凑过去，小心地把耳朵贴在树干上，一边轻轻叩击一边仔细地聆听。最后他判断这截树干是中空的。

树干的基部有一处裂缝，勉强能把天线的一端伸进去。打开接收机，队员们发现信号极强！但是听不到里面有任何动

这是揭开真相的最佳机会，一定要尽快弄清楚树洞里有没有颈圈。

队员们把情况向指挥部报告，然后开始找干燥的木柴准备生火。此时已经是 19：00，天已经黑了，温度直逼零度，守着大树的监测队员冷得瑟瑟发抖，一边烤火，一边眼巴巴地盼着后援的到来。

放归阶段

23：00，领导、兽医等相关人员来了，安全绳、抓钉等应急物资也来了，有的队员赶紧开始煮泡面。监测队还从附近村子里邀来了几位身手敏捷的彝族小伙子。

宁静而漆黑的大山迎来了少有的喧闹。七八支手电筒把树下照得明晃晃的，二十多人站在树下，感觉地上的雪都被踩化了。看这阵仗，今晚是要有一番大战。

顾不得寒冷和疲倦，探查从上、下两头同时进行，上方想办法从洞口爬进去，下方则用斧头在大树基部开洞。

在下方开洞相对简单，直接用斧子或其他工具就行。要爬到上面的树洞口窥探，就要先让人上去才行。

可是这棵树太高大，最矮的树杈都在将近三层楼那么高的地方。队员们只能在附近收集小木棒，把这些木棒钉在树干上，从下到上钉出一个梯子来，然后像攀岩那样踩着木棒爬上去。

想爬上垂直的树干太难了，全身的重量都压在脚尖和几根手指头上。别说站着钉钉子，光踩着往上爬都费劲。既要保持平衡，还要手腕发力，双手很快就止不住地发抖，钉不了几根木棒就要换人。站在下面的人看得直揪心，有两个队员站在树下一边吃泡面一边看，紧张得忘记往嘴里送，挑着的面条就在寒风中冒着热气……

树下的洞被凿开了，但人们发现大树底部与上部分并未连通，好像是有石头卡在中间，把树干中间堵住了。没办法，只能在稍微高一点的地方重新开洞。

爬树的小伙子终于攀到了第一根枝丫，他发现枝丫背面的树杆上还有一个洞口，但是比较小，伸长脖子看，里面黑乎乎的。拿手电筒照了照，似乎没有大熊猫。

十多分钟后，重新开凿的洞终于足够大，人们赶紧探头往里看，确实没有大熊猫。

有个好奇的监测队员拿天线对着树洞，信号依然非常好。真是怪了事。难道"淘淘"把颈圈丢在洞里，然后自己跑了？

担忧 命悬一线

监测队员不敢排除这微乎其微的可能性。反正里面都空了，这棵树也活不久，不如把树砍倒来看个究竟。

　　随着斧头起起落落，木屑四处翻飞，大树逐渐承受不了自身的重量，终于发出沉重的叹息倒下了。人们一拥而上，仔细搜索后并没有发现颈圈。

　　希望的泡沫终于破灭，此时已接近凌晨 2：00。商量后决定其余人下山，监测队员留在山上，明天一早开始搜

　　三月的夜晚，寒气袭人，站在雪地里就像站在冰块上。队员们只能围着噼啪作响的火堆或坐或卧，极力对抗着寒冷和疲倦。

　　天微微亮起来，山里弥漫着湿冷的雾气。火堆早就熄灭了，队员们干脆尽早搜山，活动起来才没那么冷。

　　目前的无线电信号只能作为参考，不能完全相信，大家开始沿着这道山脊搜索两侧的山坡。

　　14：00，背包里的小面包、火腿肠都吃完了，依然没有找到痕迹线索，搜寻似乎无望了。

　　疲惫不堪的队员们不得已，只能往回撤。大家一路上讨论着为什么那棵树的信号那么强。

　　最后有一种说法让大家觉得可信：树干高大笔直，

监测队员无法入睡，只能靠火堆取暖，熬过寒冷的夜晚

中空的结构让整棵树成了巨大的天线，起着信号放大器的作用。

　　也有监测队员提醒说，信号强度高却下不了数据，原因多半是项圈出问题摔坏了。

担忧 命悬一线

虽然双腿已经很沉，但必须抓紧时间寻找。
等到颈圈发不出信号，那找起来就更难了。
——下午，有队员发现了采食痕迹和粪便，然后开始地毯式搜
终于在一节碎裂的枯木里找到了颈圈。黑色的项圈
像一枚大号的戒指安静地躺在海拔两千八百米的地方，
附近没有打斗痕迹，也没有毛发、血迹等。
——一个队员捡起颈圈看了看，然后在大家手上传递着，
一个接一个地看。所有人都看到了表面明显的抓印，
估计是"淘淘"自己弄下来的。所有人的第一反应就是
从颈圈里获得数据。于是指挥部立即跟卧龙方面协调，
尽快派人将专用工具带来。
——另外，还要增加搜索的人员数量。为此，
指挥部从其他保护区借调了十个人加入搜寻队伍。
一场大海捞针就要开始了。

看队员们找到了项圈

放归阶段

颈圈终于打开了，从最后记录的数据来看，
"淘淘"最后一次的活动位置在大林场和麻麻地交接的区域。
虽然它待在原地的可能性不大，但目前也只能从这里开始搜索。

现在出门终于不用扛天线了，因为彻底没有信号了。
丢掉了颈圈的"淘淘"，就像穿上了一件隐身斗篷，
消失得无影无踪。

由于天气寒冷，对粪便保存较为有利，所以监测队员
也希望尽可能地多采集粪便回来，提供分析 DNA 的样品。
走到布设了红外相机的地方，队员们一张张地查看，

回捕笼机关被触发，笼门落下的瞬间

但只看到苏门羚、红腹角雉等其他动物的照片。

"淘淘，逃逃，为什么起这个名字呢？太会逃了，
找都找不到。"坐在树下的队员开着玩笑疏解情绪。一连找了几天，
队员们实在太累，一躺下去就不想动了。

晚上，建造回捕笼的方案再一次被提起。

回捕笼

顾名思义是把他放出去的动物重新捕获。一般是用烤香的羊骨头作为诱饵来吸引大熊
猫。这种笼子比平时常用的转运笼大。笼子的搭建都是就地取材，取用附近的粗大原木。平
时木门都是打开的，只要动物进去触动机关，悬在半空的木门就会立刻落下，"回捕笼"就
完成任务了。

担忧 命悬一线

回捕笼必须牢固、结实。如果让里面的动物跑掉，那不仅前功尽弃，而且动物会有所防范，很难再靠近回捕笼，想要再次抓到它的希望就小了很多。

　　所有监测队员都认为，用回捕笼是可行的。因为要想重新给它戴上颈圈，就必须麻醉它，把它固定在一个狭小的空间里，所以回捕笼就成了监测工作能继续开展下去的唯一希望。

放归阶段

　　监测队到附近村子请当地村民帮忙，村民非常乐意。一早，大家带着工具、干粮往大林场出发了。

　　大林场沟是麻麻地北面一条大沟，这条沟和两侧山脊覆盖的一大片区域被统称为大林场。

　　根据这段时间的搜寻结果，监测队员把第一个回捕笼的搭建地点选在大林场一处平缓的地方，这里海拔两千九百米，附近有较多的采食痕迹和粪便。选定地址后，其中一部分人立即开始清场，准备木料。其余人则继续往高海拔地区前进，选择第二个回捕笼的地址。

根据淘淘 2012—2014 年记录的活动密度设置了两个回捕笼

点　■公益海保护站　"淘淘"活动密度 ▨▨▨ 100%　▨▨▨ 80%　▨▨▨ 50%

　　第二个回捕笼的海拔比第一个高了两百米，也是在竹林中。

　　队员们也分成两队开始帮忙，希望尽快搭建好回捕笼。

担忧　命悬一线

亲手帮着做笼子，队员们才知道做一个回捕笼
没有看起来那么简单。
必须选择质地坚硬的木料，能抵挡牙齿的撕扯和蛮力的撞击。
有的大熊猫很狡猾，为了方便自己逃脱，把上半身探进去吃诱饵，
用后肢卡在门口，以便在门落下后还能逃脱，所以笼子的尺寸
要足够大，不能短于整个身子的长度，在笼门落下的瞬间
不能让动物有机会逃脱；四个角的长木头要插入地下足够深，
避免整个笼子被动物拖动；当然，还要在地面铺上一层木材，
这样动物就没那么容易挖土逃跑了……

放归阶段

　　藏身在峨热竹竹林中的第一个回捕笼建好了，就叫 1 号回捕笼。今天开笼，也就是设置机关。大林场刚从沉睡中苏醒，监测队员就上山了。

　　来到回捕笼的位置，监测人员升起火堆，取出背包里的牛骨头放在火上慢慢烤。骨头要一直烧到发黑，连骨髓都流出来为止。然后将沉重的笼门抬起来，把门上的钢索一直拉到笼子背后，用木楔卡在支架上。用一根细小的钢丝卡住木楔，钢丝的另一头就拴在烤好的牛骨头上。

　　牛骨头的香气可以飘散很远，吸引大熊猫来吃。当然，喜欢吃牛骨头的不只有大熊猫，所以其他动物也有可能被关在里面。只要笼门落下，就必须及时查看。如果被关住的是其他动物，要放出去，还要重新设置机关。

　　所以监测队员很不欢迎其他动物进笼子，都希望一次就能把"淘淘"成功回捕。

担忧　命悬一线

2 号回捕笼也搭建好了。这个回捕笼暂时不启用，监测队计划在发现附近有大熊猫新的活动迹象后再打开笼门。

1 号回捕笼启用之后，监测队每天会派两人去查看回捕笼情况。一是看笼子有没有关住动物，二是看被关住的是不是"淘淘"。如果是"淘淘"，当然皆大欢喜；如果不是，还得打开把动物放了，然后重新设置机关。如果笼子里关的是黑熊之类猛兽，那还得加倍小心，不能轻易打开笼门。所以，队员们又在笼子四周安放了三台红外相机，帮助了解笼子里面到底关了什么。

从大林场沟口到回捕笼，来回至少需要四个小时。中间需要多次过河，为了方便行走，监测队员在几个最难过河地方架了木桥。因为在今后很长一段时间内，这里都是大家行走最频繁的路线。

放归阶段

　　大熊猫专职监测队成立了。从今天起，大熊猫放归监测人员和保护站管理人员也就分开了，这样也是为了更好地开展工作。

　　监测工作的艰辛人所共知，大熊猫专职监测队除了从其他部门引进四个人以外，还配备了一位厨师。这样，监测队员就不需要下山以后再自己做饭了。

　　专职监测队的成立还是要有仪式感的。今天，监测队每名队员都领到了一套迷彩服、两双胶鞋、一件雨衣和五双手套。在未来的一段时间内，每天查看回捕笼和搜寻大熊猫粪便仍是最主要的工作。

担忧 命悬一线

8：00，保护站上所有人都感到了强烈的地震。
大家站到了院子中央，看着周围的树发出哗哗的响动。

没有时间去查看新闻，摇晃结束后，大家收拾好就上山了

只要天气允许，车子一早就满载着监测队员上山。
对照地形图上的小方格确定好当天的搜寻范围后，
队员们两三个一组奔向山林。下午五六点的时候，
车子又拉着一身汗水和疲惫不堪的队员们回来。

连着数天在野外跑，体力消耗太大，即使一路的颠簸，
坐在车上的监测队员也忍不住打起了瞌睡。

山上的雪未完全消融，雪花偶尔还会从天而降，
太阳出来后又从枝头滴滴答答落下，冻得监测队员哆嗦，
只得生火烤干湿衣服和鞋袜。有时候遇上变天，
乌云瞬间变为雨点打下来，还在山中的队员们避之不及，
一个个淋成落汤鸡。

随着被搜过的山梁、山沟一一用笔划掉，地图上的保护区
都被搜遍了，然后又从头再来。毕竟山的范围太大、人员太
"淘淘"可以轻易和监测队员"躲猫猫"。

因为放归前保存了"淘淘"的信息，所以可以通过粪便
残留的 DNA 判断痕迹是不是"淘淘"的。如果是"淘淘"的
一方面能确认它活着，另一方面可以知道它的活动地点，
以便集中人力有针对性地进行搜索。

只是 DNA 检测存在滞后，即使是"淘淘"的粪便，
等到结果出来它也早跑远了。但更多的时候，
队员连"淘淘"的新鲜粪便都找不到。

望着远山，队员们不禁感叹："淘淘"，你去哪儿了呢？

放归阶段

监测队接到了命令：一定要找到"淘淘"的新鲜粪便。

这事情谁又不想呢？项圈脱落前，监测队员跟"淘淘"的相处虽然不比动物园的饲养员和动物那样的亲密接触，但也能从无线电信号和颈圈数据了解它，看到它去了什么地方、待在什么位置、吃竹子多少时间、休息多少时间。然而现在，队员们得不到关于它的一丝讯息。

野外监测让生理辛苦，没有结果让心理痛苦。每日都在查看回捕笼，却一直没有大熊猫进去过。

在每天的搜寻中，支持监测队员们继续下去的是对"淘淘"还活着的坚定信念。即使在山中搜寻一天无果而归，第二天依旧怀着希望出发。

今天，监测队员从大林场沟一直走到了垭口，再翻过去就是大洪山。在这里，队员们发现了几枚新鲜的大熊猫粪便，不像成年大熊猫的粪便那么大。

旁边的采食痕迹是"淘淘"一贯的作风：把竹竿折弯。

"淘淘"很有可能在这里待过，大家的情绪也顿时高涨了。

放归阶段

以为幸运之神要降临，结果只高兴了那一天，然后就再也找不到新鲜粪便了。唯一的好消息是：一个月前收集到的粪便确定是"淘淘"的。

山河逐渐温润起来，几场小雨过后，石棉玉山竹和峨热竹开始发笋。

峨热竹笋露出地面十五厘米左右的时候正当味美。石棉玉山竹的竹笋要粗壮些，坚硬些，笋壳上还布有褐色毛刺，也是当地的野生大熊猫的食物。随着竹笋越发越多，野生大熊猫就会到处寻觅竹笋。

一年一度的发笋季似乎是希望，"淘淘"也许会回到以前熟悉的地方采食竹笋。

担忧 命悬一线

　　面对枯燥的生活，保护区也在想办法改善，购置了篮球架、乒乓球桌。

　　今天，新厨房正式投入使用了。为了庆祝新厨房开伙，厨师必须拿出几个好菜，让所有人聚一聚。

　　在新厨房的窗外，监测队员又看到了那两只黄喉貂。这是一家子，一直驻扎在这附近，常常甩着黄色的长尾巴在保护站周边出没，靠抓老鼠、昆虫等为食。监测队员从不会去打扰它们，反而希望它们帮忙解决保护站数量庞大的老鼠。

　　保护站上的老鼠特别多，厨房更是鼠患的重灾区。单靠人力要想逮住它们实在太难。天长日久，这些老鼠也就越发猖狂，甚至白天都敢在餐桌上掀开盖子吃东

　　连保护站上的狗都被激怒了。有一天，老狗把一只老鼠咬死后将其曝尸在院子里，似乎很生气。

放归阶段

　　由于一直没有结果，1号回捕笼今天起暂时关闭。

　　监测队将重新分组，调整工作方向，准备投入新一轮的全面搜索。

担忧　命悬一线

今天，监测队员在大林场区域看到了新鲜的采食场，其中有一位队员说他听到了大熊猫哼叫的声音，可是其他人都不确定。再听，声音又消失了。

由于调整了分组，专门搜寻"淘淘"的人少了，所以每天的工作时间就只够搜寻一条路线。

放归阶段

6 月很快过去，收获并不大。今天，
队员在老 206 沟偏麻麻地方向的地方发现有扭曲的竹子，
看样子应该是"淘淘"吃的时候扭成这样的。

担忧 命悬一线

　　沿着昨天的痕迹继续搜寻，队员在海拔两千九百三十米的地方发现了大熊猫采食石棉玉山竹竹笋的痕迹，周围还有新鲜粪便。新鲜的痕迹越多，发现"淘淘"的可能性也就越大。

在茂密竹林里，队员们很难提高前进速度

放归阶段

2013
07
13

好运气并没有接踵而至，再也没有进一步的发现。一连十天的搜寻，监测队员连根毛都没找到。

低海拔的丰实箭竹新笋已经长到三四米高了，稍高一些的石棉玉山竹竹笋也在迅速成长。随着峨热竹竹笋破土而出，野生大熊猫也会逐渐回到高海拔的区域，“淘淘”是否也会到分布峨热竹的区域呢？

担忧 命悬一线

队员们把峨热竹分布区域也搜完了，并没有什么令人振奋的结果。至此，监测队算是把公益海区域所有角落都犁了一遍。

队员们决定转移阵地，到大洪山试试。队员们分为三个小准备从三个不同方向朝着大林场的垭口去搜寻。

没想到头一天上山，队员们就发现了情况。中午时分，有队员发现了大熊猫采食竹笋后排出的笋便。从采食场特点和粪便大小综合判断，"淘淘"在此处活动的可能性比较大。

但是大洪山里不通公路，人迹罕至，手机也没有信号。

天黑前的山林

距离公益海保护站也太远，对讲机联系不上，无法及时将情况回传。监测人员用对讲机互通了消息，商量后决定先按原计划继续搜寻，最后再统一汇报。

不幸的是，其中一组的两名队员只顾着查看痕迹，没注意方向，不知不觉走上了岔路。

在没有路牌指引、没有通信网络的荒山中迷路很危险。方向岔开一两度，到最后就可能变成好几公里的差距，甚至一两天都走不回来。

等到这两名队员发现方向不对的时候，他们已经跟目的地隔了几道山梁。

天色不早了，现在要再退回去也费时费力。而且他俩对这里的地形也都不熟悉，根本没把握原路返回，要是再走错，就更麻烦了。

两人干脆心一横：赌一把！穿过大林场回公益海保护站！

从现在到天黑大概还有四个小时。按照以往的经验，

放归阶段

这个时间回站上应该是够了，但是对这里的地形、路线都不熟悉，方向的指引全靠手持 GPS，所以两人心里都没底。但事已至此，只能放手一搏。

一路上，两人都不说话，走一会儿看一下方向，默默地祈祷 GPS 的电池能多坚持一下。每到高处，两人就辨认远处的山形，希望能找到自己熟悉的路线。

两人都以最快的速度前进，翻过了一座又座山梁，无奈路程确实太长。虽然来到了大林场区域，可是天已经黑了，而且山林里升起了雾气。不管是自己熟悉的山峰还是河流，现在都看不见了，只剩下一片漆黑。

好在还有一盏头灯，手持 GPS 也还能指引方向。两人靠着微弱的光亮，终于从大林场找到了通往温泉沟的路，这是他们以前走过的一条小路，回到了保护站时，已是满身泥泞。

"天不是很晴，下午又起雾，不过还好没下雨，不然就惨了。"回忆起来，两人还有那么一点庆幸。

也因为这么一个意外，留在保护站的监测队员才知道了在大洪山发现粪便的消息。不过信息量还是太少，大家只好等着同伴从大洪山回来再问详情。

担忧 命悬一线

去大洪山搜寻的监测队员回来了，大家在公益海保护站简单开了个总结会。

"公益海这边搜寻好久都没新发现了。"

"公益海区域搜寻太频繁，会不会影响到了'淘淘'？"

"大洪山的粪便很新鲜，看粪便大小很像'淘淘'的。"……

大家七嘴八舌地讨论着，不过都倾向于认为"淘淘"在大洪山区域的可能性比较大，

认为应该对大洪山进行详细的搜寻。

不过大洪山的条件比这里差远了，要全面细致搜寻的话，

住在野外需要带很多东西

需要做大量的准备。

放归阶段

监测队临时接到了新的工作任务，保护区要全面开展
红外相机监测，也就是说，队员们接下来需要到野外
安装红外相机。

监测队内部讨论后决定，先安装公益海区域的红外相机，
安装过程中顺便搜寻这里是否有"淘淘"最新的痕迹。
等把这片区域的相机装完之后，再去大洪山。那里的林区道路
几乎已经荒芜，正好也趁着这段时间修整那里
早已难以通行的道路，后勤物资也可以准备得更充分一些。

红外相机的安装位置是有要求的，整个保护区被划分为

红外相机途中

很多 1 公里 ×1 公里的方格，每个格子里需要安装一台红外相机。
除了个别特殊情况，比如陡崖、乱石滩或者海拔太高、太低等，
监测队员要走到地图上的每个格子里面去。因此，理论上来说，
监测队员走的区域会比仅仅监测"淘淘"的时候更广泛。

有的小组走到了海拔三千六百多米的地方，
四周已经没有竹子了，有的小组一天中遇到了五场雨。
各种野生动物的粪便、卧穴痕迹都有见识到，碰到蛇的也有。
晚上回到保护站，差不多都是七八点钟了。

担忧 命悬一线

上午，近二十人的庞大队伍带着大批的装备和物资往大洪山前进，大洪山很多年没这么热闹了。

记不清开了多远，队员被甩得晕头转向之后，车终于停了下来。但这还不是目的地，只是道路就此中断，接下来就需要大家各自带着物资步行前往了。

刚走没多久，老天爷似乎存心要给监测队员来个下马威。本来平静的天空突然电闪雷鸣，就像有人从天上倒了一盆黄豆下来，无数颗弹珠大小的冰雹倾泻而下，把路上砸出白花花一

耳朵、脑壳被砸得生疼，四周并没有特别大的树可以躲

暴雨把温顺的小溪变得狂暴

大家慌忙找东西遮挡，整齐的队伍一下子乱了套。有拿塑料盆有拿编织袋的、有拿铁锅的、有拿睡袋的……反正随便抓起手边的物件挡着头，然后往前飞跑。

第一次遇到这么狂暴的雨。不到十秒钟，视线所及之处已经被大雨笼罩，身上的衣服没一处是干的。

不知是谁顶了个不锈钢盆，在冰雹和雨点的打击下"铛铛"作响，声音巨大。在这个混乱、迷茫的时候，其余人可以通过这个特殊的声响辨别方位，这个盆子倒成了队伍的临时核心。

脚下的路已看不清，无数的雨点汇合成水流，将小路变成了小溪，有的地方能没过脚踝。不知道距离目标还有多远，队员们只是机械地往前走，崎岖不平的地面让人走起路来"一会儿一米六、一会儿一米七"……

放归阶段

走在后面的队员忽然发现一个红色的东西漂进了视线范围，再一看，是一包火腿肠，是从队伍前面顺着水流漂下来的。接着，又漂来了牙刷、洗发水、方便面……

"东西掉了！"他是队伍最后一个人，他如果不拦住这些东西，它们就顺着水流进了大河就捞不回来了。可是东西虽小，但漂得很快，一转眼已经距离自己五六米远了。

他赶紧一边去追东西，一边高喊前面的队友，但跟天地的声音比起来，他的叫喊声太微弱了，没人听得见。最后，他只抓住了一管牙膏和一包饼干，对于其他东西他无能为力。

十来分钟后，队员们终于来到营地。说来也怪，刚放下背包和物资，脱下湿衣服，外面的雨就停了。

山里的雨来得快去得也快。刚才的世界还一片混沌，转瞬就已经云开雾散，只剩下树叶枝头上雨滴落下的滴答声。

雨停了，大家也有时间来仔细看看要住的地方。

这是一排砖瓦平房，是曾经的大洪山保护站的旧址，已被遗弃几十年了，砖瓦平房几乎只剩下这么个空架子。看上去没有一个屋顶是好的，窗户和门也是坏的，地上的木头地板早已不见。

没有电，仅有蜡烛和电筒，发电机和卫星电话据说过两天才能送来。有人忍不住发出疑问："我们是来搞野外求生训练吗？"

其实在之前的准备阶段，已经有人来进行过简单的清理了。但要长时间在此居住，还需要队员们自己花时间和精力慢慢整理。

担忧 命悬一线

隔着睡袋和地垫睡觉，简陋的地面依旧能把背硌得疼，太不舒服。队员们很早就起床了："这个觉睡得……太难受……还不如爬山。"没有多余的时间去计较，大家就已经准备好上山

　　比起麻麻地和大林场，大洪山这里的沟谷特别多，有地名称呼的就十多条，没名字的小河沟更是数不过来。沟谷多，意味着山梁也多，一不小心就会走错方向。

　　之前在峨热竹林里行走，竹子没那么密，只需用手拨开竹就可以了。但是这里的石棉玉山竹非常密、非常粗壮，光用手还不行，需要用到身体的力量。要用手肘支撑在几根竹竿上，靠身体的重力把竹竿压向下坡，然后靠两腿交替转移重心来往前走。走同样的距离，在这里要费劲得多。

　　在公益海区域的 305 沟、2800 沟也有这样密的石棉玉山竹林，不过也没有发现"淘淘"的痕迹，说明它并没在这种竹林中活动。为什么在大洪山区域，"淘淘"就选择了难走的石棉玉山竹林呢？

　　监测队员猜测，"淘淘"是为了避开野生大熊猫，不得已才选择了石棉玉山竹林。

　　"淘淘"已经找到了峨热竹，那么它在石棉玉山竹林的生也可能是暂时的。它总有一天会回到更高的海拔，那里的竹子没这么密，走起来也就不需要这么费劲了。

　　监测队员去了上次发现粪便的地方，搜寻了附近的山梁，却没有找到什么有价值的线索。

放归阶段

经过两天的磨合，监测队员把这里的生活初步理顺了。

一共四个房间，只有三个能用。第一个房间用来晾衣服；第二个房间睡觉，也可以堆放背包等物品；在第三间房里，队员们用砖头堆了两个灶台，这里就是厨房。由于房上的瓦漏雨，队员们在屋顶遮上油纸布，四个角用粗绳固定。

今天，发电机和卫星电话送到了，监测队终于不再是与世隔绝的状态。

这是一台小型汽油发电机，只有三千瓦，一起背上来的汽油也只有一小桶。所以发电有限，每天只在傍晚开启一会儿，

简陋的居住条件

首先保证对讲机的充电，其次是照明，最后才是给手机充电。

监测队员通过卫星电话得到一个好消息：7月下旬在大洪山采到的粪便确认是"淘淘"的。这也意味着，它确实在这里停留过，只是不知道具体在哪里。看来有必要在这里进行更为细致的搜寻。

担忧 命悬一线

连续一周多的时间，雨水都没有缺席，队员们的衣服、鞋子根本干不了。从山上下来，一身都是又湿又脏又臭，第二天还要穿着湿湿的衣服继续上山。

在这种寒冷和潮湿的环境生火，引火物很重要，消耗也快到今天，房间里能用来引火的东西越来越少，食品包装、烟盒都用完了，队员们甚至开始用卫生纸和记录纸来点火。

有限的木柴不能满足所有的需要，这就导致热水成了珍贵的奢侈品。除了吃饭喝水，像刷牙、洗脸这种需求就只能用冰凉的河水解决。

走出房子不多远，就是一条小河沟。虽说现在是九月份，可温度还是很低，尤其夜晚。白天在山上钻了一整天，累得东倒西歪，回来就是只想休息，谁也不想去摸那冰凉刺骨的河水。

不洗脸、不洗脚，不仅是方便，也是为了保温。睡觉的时毛衣不能脱掉，退下袖子后把毛衣套在脖子上，可以阻挡冷空灌进睡袋，还可以阻止老鼠钻进睡袋。也不知道这深山老林里为什么有这么多老鼠，而且极其猖狂。夜深人静的时候，就感觉到老鼠在睡袋旁边跑来跑去，甚至直接踩到人的头上……

夜幕降临，灯泡成了方圆十几公里内唯一的光亮。无数循光而来，绕着灯泡飞舞，墙上也有密密麻麻的各种飞虫。如同某个队员形容的那样：像花椒面撒在了墙上。

放归阶段

　　大山深处的监测工作本来就枯燥，迟迟没有收获让队员们更感到烦躁。每天回到贫民窟一般的营地，队员们只能靠聊天来慰藉寂寞。

　　一个月下来，能聊的天似乎都聊完了。从小时候穿开裆裤聊到长大参加工作；从小学同学聊到同事老婆；从县城的鬼故事聊到山上的"灵异现象"……

　　到后来，实在没什么可聊的，编也编不出什么花样了。很多人躺着休息的时候就一句话不说，眼睛死死地盯着房梁，很久都不眨一下，不知道在想什么。

　　不管怎样，"淘淘"每天都会占据每个人的思绪。尤其在躺下休息或者点上一支烟的时候，两个简单的问题不知不觉就会出现在脑海里：在哪里？安全吗？

　　经历了数轮的搜索，监测队员陆续把最主要的 4 沟、5 沟、6 沟区域都搜寻过了。每天除了收获满身臭汗，其余仍一无所获。

　　就在大洪山的南面，另一部分的监测队员仍然在公益海区域搜寻。监测组组长结合两边搜寻情况，决定下月初开启大林场的两个回捕笼。

　　事后证明，这真是明智的决定。

担忧　命悬一线

今天计划开启两个回捕笼。

几名监测队员从大林场沟口进入，一路躲避着路旁灌丛的枝丫。走了约五公里山路，来到了回捕笼所在的山梁下。

在 1 号回捕笼前，监测队员观察四周的情况后，先查看红外相机的结果。相机显示仅有松鼠、乌鸦等小动物和鸟类来过，并没有体型更大的动物出现。

在更换了储存卡和电池以后，监测队员升起火堆，把背上来的羊腿骨放在火上烧烤。烧制好之后，挑出三四根绑在回捕笼里，设置好机关。随后监测队员背上剩下的骨头继续往山上爬，去开启 2 号回捕笼。

跟着之字形的小路，监测队员从陡峭的山脊往上走。在走到约一半路程的时候，一位队员发现不远处有大熊猫的采食痕迹，立即招呼其他人员。于是几人顺着采食痕迹过去，分散开来四处查看，竟然发现在这片区域里有大量峨热竹残桩，看样子是大熊猫采食后留下的，还有不少粪便，新鲜程度大概有半个月。

这个发现让监测队员都激动起来，有人马上联想到上面的 2 号回捕笼的红外相机里很可能有这只大熊猫的照片！想到这里，大家也顾不上歇息，一口气赶到了 2 号回捕笼。

红外相机里确实有一只大熊猫的照片，时间在 9 月 29 日，这和刚才在采食场判断的时间也吻合。从图像上看，这个大熊猫的体型比成年大熊猫的要略小，几位监测队员猜测这就是"淘淘"。

回到站上，其他监测队员也很快知道了今天的收获，所有人的喜悦之情溢于言表。

放归阶段

一大早，监测队员就开始讨论是去查看回捕笼
还是继续寻找新的活动痕迹。

"这只大熊猫估计早就走了吧，我们还是应该
先去找最新的活动痕迹，要是跑远了，回捕笼也没有用啊。"
"但是如果它在附近，去搜的话不就撵跑了吗？万一它自己
转回来了呢？""每天都有人来看笼子，它还敢回来吗？"
"以前放归的那只熊猫还不是在回捕笼里被关住的，
我们只是查看回捕笼而已，没有大的动静是不会影响到
熊猫的。它活动的领域比较稳定的话，
还是会回到那些熟悉的地方活动。"……

讨论之后，监测队决定暂时先派三人去查看回捕笼，
顺便看看附近有没有新情况，其余人还是分成两组找寻粪便。

10：00，两名监测队员走到了1号回捕笼，
发现笼子和红外相机都没有任何异样。

11：00，他们来到2号回捕笼边缘，远远看见笼门高高吊起，
两人心里估计"可能跟1号回捕笼一样"。

靠近后，他们往笼子里看去，却发现笼子里的羊骨头不见了！
骨头都吃了竟然还没触动机关？这是什么动物啊？
笼子也是完好无损啊！他们疑惑地绕到笼子背后查看机关。

突然，笼子后面的竹林里发出了声响，像是什么动物
在林子穿行。胆小的女队员"啊！"一声，把另外一人吓得不轻。

担心是黑熊，男队员弯腰捡起一块木头扔了过去，
想把黑熊吓跑。然后那动物立刻跑了起来，带着竹子哗哗响。

两人都停下手中的动作，紧张地注视着声音的方向。
同时迅速地思考：万一那东西冲过来怎么办？
我们是绕着笼子跑还是爬树？

动静消失了，那物好像并没有靠近。他们正犹豫
要不要过去看看，在附近的一棵杉树上，一个大熊猫脑袋
冒了出来。一愣神的工夫，那只大熊猫就爬上了八米多高的
一根粗壮枝丫。

担忧 命悬一线

原来是大熊猫！大家长舒了一口气。

　　这只大熊猫体型不大，看来应该不到成年。虽然没有项圈，但外貌和"淘淘"高度相似。宁可认错，不可放过。当务之急就是不能让它跑了！两人赶紧用对讲机喊话，希望在山上的其他人员能听到，并尽快过来支援。

　　在其他人到来之前，他俩必须守住这只大熊猫。

　　对讲机里终于有了回应，是另一组在山上捡粪便的人员，他们距离这里还隔着几座山头，现在只能用最快速度赶来。有了兄弟们的响应，两人也不那么紧张了。

　　大熊猫所在的这棵杉树直径五六十厘米，高度不到十五米，树下是峨热竹和杜鹃。站在大树下仰望，视野又不好脖子又酸，两人环顾四周，寻找更好的观察点。

　　由于地处斜坡，站在上方的回捕笼那里，能用尽量水平的视角观察。看到大熊猫一动不动，于是两人退到回捕笼附近

放归阶段

果然，这里看得更清楚，而且距离不远，大熊猫也不会贸然下树。

　　树上的大熊猫早已安静了下来。在它看来，树下的两人待不了多久，自己就会撤退。而且反正现在也不饿，犯不上用武力来解决矛盾，所以它干脆直接趴在大树枝上，闭目养神。

　　等待的时间特别漫长，两人饿得咕咕叫，这才想起背包还在 1 号回捕笼那里。因为当时谁也没想到今天会收获这么大的意外，所以把背包扔在原地。结果现在连口水都没得喝。

　　犹豫了再三，他俩还是决定让一个人去取背包，速去速回。

的大熊猫和树下的队员僵持着

　　留下的人压力巨大，生怕熊猫能区分人数的众寡，趁这个时候冲下树来。只好一边盯着大熊猫，一边在心里想："万一它下来，我是该抓它的脖领子还是揪住它的腿不放？"

　　还好，同伴呼哧带喘地背着包返回，树上的大熊猫也没有轻举妄动。喝了水、吃了干粮，两人也就没那么难受了。

担忧　命悬一线

另外一组人员通过对讲机得到消息，也在赶来的路上了。与此同时，收到信息的其他相关人员从保护站、管理局、长途汽车站等各个地方往山上赶。

　　距离最近的一组监测队员翻过了3道梁子和数条山沟，终于赶到了2号回捕笼，他们都累得快站不住了。

　　一个多小时后，大熊猫坐起来向下张望，犹豫了几次，最后把后肢搭在了树干上，似乎是想下树。

　　在场的人赶紧冲到树下，通过摇晃竹子、树枝等手段弄出响声，阻止它下树。这只大熊猫好几次尝试下树，都被队员们弄出的怪响吓了回去，它只好趴在树枝上，用哼叫声表达不满，随时倾听着树下的动静。

　　16：30，又有四人赶到。此时就算大熊猫冲下来，现场的人应该也能把它抓住。在场的众人心情逐渐轻松起来。

　　光线逐渐变暗，没有星星和月亮，空气逐渐变得冰冷潮湿。大家都把背包背在身上，这样才感觉背心暖和一点。

　　也许是肚子饿了，也许是不习惯有人的氛围，树上的大熊猫多次尝试下树。虽然都没成功，但每次它都能往下挪一点。到天黑时分，它离地面只有四五米高。

　　赶到现场的增援力量更多了，但由于天色太晚，为了稳妥起见，监测队决定先设置安全网，明天一早再进行后续工作。

放归阶段

7：00，人员全部到齐现场。此时大熊猫距离地面
只有约四米高，距离网面只有不到三米。
很好，正处在麻醉枪的射程内。

所谓的安全网其实就是用尼龙网撑起来的一个大平面。
如果大熊猫在麻醉之后掉下来，这个网可以很好地缓冲，
避免它受伤；如果它冲下来想逃跑，也容易被网子缠住，
所以这个网很重要，要提前先设置好。

兽医把麻醉针打进去了。几分钟后，大熊猫还死死地
抓着枝干，但没有力气抓牢了，开始从枝干上往下滑，

相机拍到的画面

"淘淘"掉入绳网中

并不时地舔着嘴唇。很快，它终于撑不住了，准确地掉入网中。

最后在兽医确认大熊猫已经处于麻醉状态后，
人们终于开始行动了。

在放归前的体检中，工作人员给"淘淘"皮下植入了
识别身份的芯片。如果眼前这只大熊猫是"淘淘"，
那很快就会在读卡器上确认它的身份。所有人都翘首以盼，
就等宣读芯片信息的那一刻。

激动人心的时刻迟迟没有到来，监测队员翻遍了背包、
工具箱，都没找到芯片扫描仪。由于所有人都太匆忙，
仓促之中居然忘了这个最关键的设备。

在这里守了一天的监测队员郁闷得不行。
"天呐！这怎么能忘……"不过事已至此，埋怨也没用，

担忧 命悬一线

麻醉时间有限，再这样拖下去也不是个事。

现在唯一能行的办法就是采血，通过测 DNA 信息
来判断它是不是"淘淘"。只不过检验结果需要等几天才能出来

最憋屈的要数现场的几位媒体人员。在他们看来
这明明这就是"淘淘"，但没有直接的证据就不敢下结论，
也就没法做报道。这么好的新闻就在眼前，却只能守口如瓶，
这真是世界上最远的距离啊。

除了采血，监测队员还收集了大熊猫肛门处的粪便，
以及口腔和鼻腔的分泌物。
测量了体尺以后，再给它戴上新的颈圈。
趁它还未苏醒，几位队员认真查看了 2 号回捕笼的机关，
想知道为什么骨头不见了，笼门却没掉下来。

原来，最后一次设置的机关出了问题。那个本应弹起的
木楔偏斜了一点，被支架卡住了，大熊猫吃骨头时传导过来的
力量没有能将木楔拉出，所以笼门没掉下来。

根据几位队员的回忆，估计当时是因为看到了大熊猫痕迹
和照片太兴奋，以至于在设置机关的时候出了点纰漏。

要是所有环节都正确，机关正常的话当时肯定会把大熊猫
关在笼子里，既不担心它逃跑，也不用担心它摔坏，
队员们也不用在山上蹲一晚上。一切都要轻松得多。

再翻看红外相机，才知道这只大熊猫昨天 16：00 左右
就来到笼子附近，很可能与上个月 29 日拍到的大熊猫是同一

队员们刚刚挂上骨头就把它吸引过来了，难道说它一直
就在附近活动？要是这样的话，这运气也太好了。

一个多小时以后，大熊猫逐渐醒转，然后步履不稳地
缓慢走入林中，留在现场守着它的两名队员一直目送它离去。
监测队员打开接收机，熟悉的声音再次响起，距离上一次
听到信号声音，已经整整过去了七个月。

方义归阶段

本段时间由于"淘淘"项圈脱落,定位难度增加,主要通过新鲜粪便DNA法确定活动位点和范围,并对其采食场进行调查。

担忧 命悬一线

战术 相互迂回

2013/
10/22
-
2015/
09/15

过了第一次颈圈脱落的考验，
们对于大熊猫"玩失踪"不再紧张，
是通过信号来猜测和判断，
大熊猫则不断地闪躲、静默。
大的山野，就给它留点隐私的空间吧，
还没点秘密？

接下来的几天，监测队员持续用无线电监测着颈圈信号。从方位判断出，这只大熊猫活动正常，但移动范围不大。

最终结果出来之前，队员们一有空就免不了对它的身份展开议论。"在这个区域活动的，近年来只有'淘淘'，一定是它"看个头也像，脸差不多也是这样子。""要是野生的早跑了，它似乎不是很怕人，说不定与人接触过，多半就是'淘淘'了。"..但无论嘴里说得多肯定，感觉有多么大把握，但大家都在等待血液 DNA 检测的结果，因为那才是最权威的结论，可以解开这个谜团。在熬了一星期之后，结果终于出来了：就是"淘淘"！近七个月的搜寻和回捕工作终于没有白费，大家脸上笑开了花彼此击掌庆贺。

此时，距"淘淘"放归刚刚满一年。这一年里，"淘淘"的活动范围逐渐扩大，从低海拔逐渐到高海拔区域，最后比较固定在海拔 3000 米左右的地方；日夜活动节律也逐渐与野生大熊猫无异；咬肌更发达，对当地竹子的适应能变强，找到了当地野生大熊猫的主食竹峨热竹；会主动回避野生大熊猫和人类；回捕时的体检也表明"淘淘"体征正常，身体健康。

这样的结果，真是对监测队员的最大回报，也是对外界关心"淘淘"的人们最好的回答。

放归阶段

　　另外一只大熊猫也来到了栗子坪，是"淘淘"的"师妹"。跟它的"师兄"一样，这位比"淘淘"小一岁的雌性大熊猫也是在核桃坪经过了野化培训，现在跟着"淘淘"的脚步重返自然。

　　现在，监测队员要把更多的精力放在这只新来的大熊猫身上，就像当初对待"淘淘"那样。而分配到"淘淘"身上的时间和精力，就只靠监测无线电信号了。

　　还好，"淘淘"目前活动较为稳定，就在大林场和大洪山之间的区域来回移动。队员们只祈求它不要再搞出什么花样出来。在这大雪封山的冬季，颈圈信号一旦消失可就又有的苦吃了。

战术 相互迂回

三个多月以来，"淘淘"的新颈圈一直很稳定。没想到春节刚过，它的信号又消失了。真是越怕什么越来什么监测队员只好隔三岔五爬到山梁子上去搜索它的信号。

虽然这次也担心，但已经有了这一年多的相互磨合，队员们没有之前那么紧张和手忙脚乱了。大家估计"淘淘"很有可能又跑到大洪山里面去了，于是决定等它返回。

"淘淘"的"师妹"显得非常谨慎。出了笼子以后没有跑两个多月来一直在一个小范围里活动，虽然只有不太适口的石棉玉山竹，但毕竟是初来乍到，它还是选择了谨慎和忍耐。

冬季的山林和林区公路

这就是适应能力好的体现，山珍海味能接受，吃糠咽菜也能行。

放归阶段

"什么？竹马河发现大熊猫……不会吧？"

县林业局接到一家农户打来的电话，电话内容听了让人有些惊讶。

竹马河在保护区的东北面，随着竹马河附近人类活动的加剧，这里已经多年没有发现野生大熊猫的痕迹了。

不过接电话的人还是认真记下了相关信息，并说："好的，我们马上派人过去。"保护区内凡是跟大熊猫有关的情况，都会派监测队的人第一时间前往查看。

监测队员在路上得知，农民在自家附近的山上发现了大熊猫的粪便。到了现场一看，确实是大熊猫粪便，但在附近没有发现采食痕迹。

自从大力推行生态保护以来，在人类活动区域发现大熊猫粪便还不多见。队员将粪便采集，准备送去鉴定。只不过粪便已经变干，要提取到 DNA 基本不可能。

战术 相互迂回

"淘淘"果然没有让队员们失望。今天，监测队员在大林场垭口打到了"淘淘"的无线电信号，可惜强度弱，下载不了颈圈数据。

无线电信号的恢复印证了队员们的猜测。这让所有人对自己的判断更有信心：既然信号出现了，说明"淘淘"绕着回来了，这些地方已经成了它的地盘，它总是会回来巡视的。

迷雾中的森林

放归阶段

走在林区路上，监测队员用天线随意扫了一下，居然能收到"淘淘"的信号，而且非常清晰。几位队员赶紧拿出接收机，尝试下载数据。

跟着信号的指引向前走，就在大林场沟口，监测队员顺利地下载到了"淘淘"的颈圈数据。

监测队员迫不及待地赶在中午前回到保护站上作图，想知道"淘淘"这几个月是不是去大林场了。

看到最后生成的图，所有人的第一反应都是：项圈出问题了吧？

305沟、大林场、大洪山、老鹰沟、园包包……几乎整个保护区都留下了它的踪迹，甚至还一度脱离了保护区边界。图上的点位非常分散，因为颈圈一个小时定一次位，据此可以判断出"淘淘"的移动很频繁，它几乎没有在一个地方待上三天。

这种活跃程度令人咋舌，跟刚放归时的缓慢移动完全不同。仿佛一个文静内敛的孩子突然间变得活泼好动，让本以为对它了如指掌的人们再次摸不着头脑。只能喃喃自语："这还是'淘淘'吗？怎么会这样……"

位点记录延伸到了竹马河区域，大家这时恍然大悟："原来之前那些粪便是它留下的。"

这里的位点不多，说明它没待多久就离开了。虽然这里海拔更低，没有野生同类，但"淘淘"还是放弃了这里。

在曾经和人类为数不多的相处中，"淘淘"都没有感到愉快。这一次，当它站在山头，望着远处农房的灯光、听着吵闹的犬吠，一切信息都在提醒它：这里是人类的居所。

掉头往回走之前还不忘留下它的粪便，这只是宣告：我来过了。

"淘淘"目前还没有自己固定的领域。尚未成年的它还不足与其他个体进行竞争，只能游走在其他成年个体的领域边缘，同时要小心地回避强壮的成年大熊猫。

战术 相互迂回

所以它现在能待的地方只是些"边角余料"。

它也许已经看上了一块优质的领域，但被其他大熊猫占领，
所以它只能隐忍，只能"韬光养晦"，学会在夹缝中求生存，
等到自己足够强壮的时候再跟其他大熊猫竞争，
最终占据一片自己满意的领域。

对野生大熊猫而言，领域面积的大小意味着占有资源的多寡，无论对于生存或是繁
领域都是极为重要的。在野外，成年大熊猫的领域面积应该在 3 ~ 7 平方公里。

昨天大家围着地图正看得起劲，不料中途被停电打断了。
幸好数据提前保存下来了。

今天一早，供电恢复。队员们再次打开地图，
准备根据位点分布制定采样计划。却意外地发现"淘淘"
就在离保护站不远的地方！根据位点显示，
"淘淘"从竹马河回来以后，先经过大洪山，然后顺着305沟
一直往低海拔移动。前天，移动了很长一段距离，
直接下到海拔两千米，到了保护站对面的山中。
这里距离保护站也就半个小时的脚程。

被食过的牛骨头

这就像是聊了很久的网友，最后发现居然就住在隔壁。

颈圈是一个小时定一次位，而这里有将近九十个位点，
也就是说"淘淘"在这里待了至少三天。保护站的海拔
仅两千米，这里只有丰实箭竹。虽然也叫箭竹，
但当地野生大熊猫都不吃。

战术 相互迂回

而且现在很多地方冰雪都还未消融，还远没到发笋的时候，它到这里来吃什么呢？没什么吃的那它跑来干啥？难不成受伤主动往低海拔来寻求人类帮助？……"淘淘"又一次挑战着人们的想象力。队员赶紧记下位点数据，急切地希望快点找到。同时发现，近三天它的位置都没有移动，大家心中更是焦急。

　　监测队员匆匆赶到"淘淘"最新的点位，没有看到什么痕迹。这是两条小沟之间的较平坦地方，一丛丛丰实箭竹像一把把大伞撑在林下，并没有竹子被采食过。没有看到"淘淘"躺在地上的画面，监测队员心里稍微放松了些。用无线电接收机测信号，发现"淘淘"在另一个方向。"在移动，它还知道回避人呢。""还能动，应该没有受伤。"监测队员判断着。于是大家分开行动四处搜寻。然而，这一场人与大熊猫之间的捉迷藏，完全没有平等对抗的感觉。"淘淘"没有离开这片区域，只是凭着灵敏的感触精妙地回避着人类。而一群高级智慧生物在仪器设备的加持下，依然被"淘淘"牵着鼻子走。甚至两头围堵，还是被它逃掉，最后连个影子都看不到。

　　捉迷藏还在继续，"淘淘"依旧拒绝人们的关心，不肯乖乖现身。"这么有活力，哪像受伤挨饿的样子啊。"一个队员擦着头上的汗说。经过河边时，监测队员又遇到了去年一头死在这里的一只牦牛，现在只剩散落一地的毛发和骨头。"这骨头……是不是被什么动物拖动过？"一位队员觉得牛骨头有些不对劲，现场像是被什么动物啃食过。再一细看，发现在几根倒木旁边，散落着骨头碎屑和由骨头渣组成的粪便。

　　这好像是大熊猫粪便啊！难道说……由于平时看到的大熊猫粪便都是竹子残渣，而这个粪便里没有竹子，所以它有点不相信自己的推测，赶紧叫来同伴。根据粪便的大小，大家都觉得吃骨头的动物不可能是黄喉貂、金猫、狗之类的小家伙。根据形状来判断，大熊猫是唯一的可能。虽然听起来很不可思议。"可能上次在回捕笼尝到了骨头的美味

放归阶段

这次专门跑来过瘾。""怪不得在这里待了几天都不动。"
"回捕笼里的骨头是烧过的,松脆,这个牦牛骨头太硬了!"
"传说大熊猫是食铁兽,连铁锅都能吃,这骨头算什么!"
监测队员围在一起,七嘴八舌地议论着。直到天色偏暗,
都没看到"淘淘"。看来它的精力比监测队员旺盛多了,
监测队决定明天再继续搜寻。

战术 相互迂回

　　两个多小时的搜寻无果，队员们不得不带着疑惑
又打开了天线，无线电信号显示"淘淘"走远了。

　　"我们又被玩了。"对于"淘淘"的神出鬼没，队员们一个
都想不出办法。"虽然找不到，但还想看看它到底在哪儿。"
队员们忍不住又下载了最新的颈圈数据。

　　谁知在地图上标注出来一看，把监测队全给郁闷到了：
"淘淘"昨天下午就已经回到大林场的垭口区域。
可能是因为它顺着山脊走，所以收到的信号一直很好，
到了垭口之后它往山坡、山沟里一钻，信号被遮挡后就变弱了。

放牛青年拍的大熊猫画面

　　目标都跑了，监测队员还傻乎乎地在原地找。

　　再仔细查看"淘淘"这一天来的活动轨迹之后，
监测队员再一次被震惊了：从落叶松林到大林场垭口，
它只用了四个半小时，这厮跑得也太快了吧。
这两个地方直线距离都三千六百多米，海拔跨度超过七百多米
要知道，大熊猫爬三十度的坡都极其费力，
能在短时间上升好几百米这非常不容易。还怀疑它生病呢，
看来它完全是超越了正常水平。平日里看起来漫不经心的大熊猫
居然也能跑这么快。

　　下午，当地一位彝族青年告诉监测队员他看到了大熊猫。
他知道保护站在跟踪大熊猫，所以路过保护站的时候
专门过来给个消息。

　　监测队中有一位懂彝语的队员，经过翻译，其他队员才知

放归阶段

这位青年在河滩放牛的时候看到一只大熊猫经过。
可能是被他的牛惊吓了，大熊猫急急匆匆过了河沟，
爬上了河边一棵松树。

彝族青年给队员们展示了他用手机拍的照片。
虽然照片不够清晰，但能看到确实是一只大熊猫待在树上。

放牛的青年说，可能是树太细弱了，连个能承重的树杈
都没有，大熊猫只能用前爪紧紧抓着挂在树上。最后终于
挂不住了，只能大起胆子下了树，然后跑向落叶松林，
最后从 305 沟上了梁子。

听了青年的描述，结合最近的工作，监测队员判断这就是
"淘淘"。看来它逃过了监测队员，却没有逃过放牛郎的眼睛。

"你现场观察的时候，有没有发现熊猫有受伤或生病的
可能？"监测队员继续向这位热心的青年打听。

"看不出来，好像没有。"他从大熊猫灵活的动作中
看不出有什么异样。

到底是什么原因让"淘淘"从山顶一路直奔这里来呢？
难道真是牦牛骨头的诱惑吗？这个问题可能永远都不会有答案。

战术 相互迂回

　　"淘淘师妹"移动到了温泉沟西北方的一片石棉玉山竹林，它还没有找到峨热竹。好在这里的竹子直径不算大，大部分都能一口咬断，所以它在采食现场没有留下"淘淘"当初那样折成好几段的竹竿。

　　监测队员对比了近期"淘淘"和它的"师妹"的活动轨迹，发现它俩几乎同时向大林场方向移动。3月19日这天，它俩的最近距离只有五百多米。

　　这不禁让大家产生了联想："淘淘"和它的"师妹"会不会在大林场见过面了？感觉这个工作越来越有趣了。

放归阶段

    "淘淘"又进入了一段稳定期，道路一侧的边坡却变得极为不稳定。今年路边的垮塌特别多，从保护站外面一直到玻璃房子，沿途好几个地方都容易发生垮塌。

    不怕垮塌多，就怕垮在车子后面。坐车上山，如果前方掉几个石头，其实无所谓。大不了车子原地掉头回去，人员走路上山就是了；但如果有大石头等车子通过了再掉下来挡在路中间，麻烦就大了。不仅人要走路，连车都开不回去了。

战术 相互迂回

"淘淘师妹"的颈圈只能续航半年，虽然回捕计划早就开始准备，但它的行动更快，还没等队员下手已经找不到监测队员搜寻了温泉沟梁子、305 沟梁子以及麻麻地梁子，都没有收到信号，也没有发现活动痕迹。

这像极了一年前的情形。有队员开玩笑说：可能是"淘淘"教它的，喊它躲大洪山里面去了。

好在队员们已经有了经验，也就没那么紧张了。大家都认为目标就躲在大洪山区域，因为那里沟壑众多，对无线电信号的传播有很大的阻挡，下一步就准备去大洪山搜

也许"淘淘"就藏在某棵树上偷笑呢，因为队员们为了找它"师妹"而顾不上它了。它就是不希望被人发现。

放归阶段

对"淘淘师妹"的回捕在海拔两千三百米的林子里进行。
跟"淘淘"一样，它也是被监测队员困在了一棵大树上，
最后在树上被麻醉的。中途它差点冲开包围圈，
好在树下的人够多，才没让"冲卡"成功。

麻醉醒来后，重新戴上新颈圈的大熊猫摇摇晃晃
消失在了林子深处。

战术 相互迂回

昨天，车子刚过，几块石头就滚到了路上。今天一早，一棵树又不偏不倚地倒在了路中间，让车子无法通行。

队长一咬牙：先去两个人打信号，其余人清理道路！

其实这条路平时是有维护的，前天才派了装载机把路面清理干净。哪晓得装载机刚走，垮塌又多起来了。装载机一个月只来一次，下次上来就要下个月了，所以现在只能靠队员们自己。好在都是小伙子，还有膀子力气

阴霾了许久的天空放晴了，这可苦了队员们，挖了没一会儿就满头大汗，那堆泥巴似乎还纹丝不动。

洪水把桥冲走，监测队员重新搭桥过河；道路被落石堵塞

之前回捕"淘淘师妹"很顺利，但带来的应激反应让这只敏感的雌性大熊猫开始向高海拔移动，要去就去咯，队员们只能静观其变。

雨季还没到，队员们就忙碌起来，上周砍木头搭桥，这周又清理道路，真是不消停。

下午，等到打信号的两人返回，路上的倒树和泥巴才清理干净。回到站上，几个挖路的主力军已经累得不行："下次还是喊装载机上来算了，我现在连筷子都逮不住了！"

放归阶段

山区的天气说变就变，上午还是晴空万里，
说不定中午就雷鸣电闪，下午还可能挨一顿冰雹。
所以夏季上山打信号是一件危险的事情，一旦变天，
在山上扛着接收天线的监测队员就可能成为雷电的"活靶子"。

只要天气不好，队员们都不会上山打信号。坐在电炉前面，
一边烘着没干透的迷彩服和胶鞋，一边想着家里杂七杂八的事情。
想得烦了，扭头看着外面，看从屋檐落下的雨滴
一点点砸在地面上。

多变，狼狈躲雨

战术　相互迂回

终于下载到了"淘淘师妹"的颈圈数据，
跟 7 号下载的"淘淘"数据一对比，发现它有段时间的活动区
有大部分是重合的，有些点位距离得非常近，两只"猫"
完全有可能有过接触。

"它们会不会交流？'淘淘'应该教它一些生存知识。"
"听说'淘淘'在核桃坪的时候厉害得很，把其他'小猫'撵得飞
这次它两个咋相安无事呢？"

对于"淘淘"和它"师妹"的和平相处，有队员表示质疑
同时对于"淘淘"10 月份的活动更奇怪："它最高到达过
接近海拔三千八百米的地方，那么高的地方好像没什么竹子，
它去那里干啥？"

放归邦介段

随着时间的推移，二楼宽敞的会议室地上已经摆满了队员们采的样品。所有样品都注明了日期，有的是竹叶，有的是竹竿，还有的是枝、叶。满满当当铺满了一百多平方米的地面。很多人第一次推门进来，都以为走进了中药材批发市场。

监测队换了一辆红色的车。之前的那辆车只能坐四个人，多出来的人只能挤在车斗里面。跑烂路的时候，车斗里面尤其颠簸，感觉人都快被抛出去了。而且没有遮挡，夏天落雨一身淋湿，冬天吹风冻得发抖。

现在换成一辆更大的车，大家终于都可以坐在车里了。

工作用车在雪地上行驶　　　　　摆放在地上的样品

新车后面的空间很大，是相对的两排座椅，中间上方有铁杆和绳索可供抓握，以防人员在行车途中由于颠簸摔倒。

穿行在山林小道上的新车宛如一道亮丽的光，照亮了监测队员的心。

战术 相互迂回

两场大雪，让样方调查和打信号的工作全部暂停。
去往大洪山的林区道路又被坍塌的土石方堵塞，
清理道路花了好几天。

也许是大雪让"淘淘"兴奋了，它一口气跑到很远的地方
队员们只有在靠近火烧坡、五连海的地方才能收到信号，
其他地方都不行。

放归阶段

这几天两只大熊猫的信号都只能在大洪山才能收到，
从公益海保护站到大洪山 3 沟需要差不多三个小时，
大把的时间都花在了路上，留给队员的时间只能是收信号。
要是两只大熊猫继续往深山走，要进去打信号的话只能走路，
那时候恐怕就只能住在大洪山站上了。

不过也好，住保护站总比住在大洪山里面强，
大家再也不想去住那个濒临拆迁的红砖房子了。这么冷的天，
住那里恐怕睡不着吧。

房子里还有队员们前年在这里住过的痕迹

战术 相互迂回

队员们把前两天下载的"淘淘"和它"师妹"的数据拿来作图，发现两只"猫"在大洪山的 6 沟、7 沟等区域有很大的重叠。

它俩的直线距离甚至只有几百米，非常近。

如果说两只"猫"去年十月在大洪山只是有可能相遇的话，今年年初它俩肯定见过面。

近年来已出现多个个案。在卧龙保护区，当地人在黄家沟、碱棚子、牛头山等地区多次发现两只以上的大熊猫个体在一个小范围聚集。虽然原因还不清楚，但这是在提醒我们：大熊猫仍是一个带有神秘色彩的物种。

放归阶段

　　监测工作只有一辆车，两只"猫"在一个区域活动还好点。
如果相隔距离远，车就不够用了。早上送人到火烧坡，
马上返回站上，送人到大洪山或者孟获城，然后还要赶回来
接火烧坡的人下山……心里装着事，就想赶时间，
一赶时间路上就不安全。
　　在车辆问题解决前，摩托车只好再次登场。

战术 相互迂回

　　"淘淘"逐渐回到了高海拔地区。六七月份，它所处的海只是比五月略高，似乎它的活动并不是很有规律，这应该是受到了发笋的影响。

　　对于竹笋，"淘淘"并不陌生。曾经和妈妈在一起时它就品尝过拐棍竹竹笋的滋味，也知道需要寻觅才能获得更多的美味。

　　在这里寻找竹笋，除了要多走动，同时还需要回避其他个毕竟它还只是个亚成体，很难在资源竞争中获胜。如果不计后冲动行事，反而会招致很大的麻烦。

"淘淘"的竹笋便

最高海拔

最高海拔

最低海拔

3172m
3214m
3141m
3047m
3026m
2940m
2880m
2671m
2834m

5月　　6月

变压器被闪电击坏，公益海保护站的用电、通讯陷入瘫痪。
要发工作总结，又必须到县城去了。

入汛以来，本是碎石路面的林区道路要铺成水泥路面，
很长一段时间车子无法通行，进出保护站都只能步行，
走到 108 国道才能搭车。

战术 相互迂回

变压器还没有修好，但是今天重开了回捕笼。

除此之外，今天还有一件大事，栗子坪保护区正式升级为国家级自然保护区了。这是对所有人辛勤付出的最好回报。当然，最大的功臣还是"淘淘"，有了它的到来才有监测工作，才有这支队伍的成绩。

"淘淘"的新颈圈已经快两年了，监测队员早就在计划回捕的事情。只是"淘淘"最近才回到大林场区域，才收到它的信号，所以回捕笼的事情就被拖到现在。

这两年里，"淘淘"没有跨过阿鲁伦底河，也没有穿过108国道，它往东和东北方向探索了大片地区，似乎不愿意去尝试挑战那些天然的或人为的各种障碍。

"淘淘"逛了那么多地方，还是偏爱公益海和大洪山区域从数量来看，它在这些保护核心区的大山里痕迹最多。监测队搜集新鲜粪便要走比以往更远的路。麻麻地主梁子、大林场沟尾、麻麻地沟沟尾山梁，这些地方在后来都成了收集样品的主战场。队员们通常要走到13:00左右才能到达这些区域。简单吃过干粮后就开始四处搜寻采食痕迹和粪便样品，再原路返回。为了返程有足够的时间，返回的时间一般不能晚于16:00。

麻麻地路边的那个监测点早就没有用了。老206沟上方的玻璃房在野外工作中派上了大的用场。

"淘淘"放归后活动密度和区域示意图

点 ■ 公益海保护站 ▨ 活动密度为 50% ▨ 活动密度为 99% ▨ 淘淘 2015 活动范围 ▨ 淘淘放归后活动范围

等待 杂乱纷扰

2015/
10/12
-
2017/
12/28

圈又一次脱落了，"淘淘"又"隐身"了。

对越来越繁琐的工作，人们只能等待它自己现身。

"淘淘"的新项圈电量耗尽，自动脱落了，估计颈圈在大洪山。又要开始大海捞针了，还是老办法，采集粪便。

不知道能不能赶在大雪封山之前找到颈圈。

放归阶段

自从公益海保护站通了水泥路，上来看风景的人就多了。
人一多，到站上来问路、接热水或者上厕所的也就多了。

很多游客都会问："哪里看得到熊猫？"

"公益海这个地名是因为这里有什么公益项目吗？"

"公益海是海吗？"……监测队员只好一次又一次的解释。
并告诉他们：未经允许，是不能进保护区的，而且野生大熊猫
一般人也看不到的。失望之余，绝大多数游客会抛出这样的话题：
"你们的工作好安逸哦！"

的确，游客的眼中的保护站远离市嚣，前有溪流，后有青山，

气好的时候，站在山路上就能眺望到贡嘎雪山

竹林环绕，鸟语花香，洗肺又养生。在这里上班，
肯定是"神仙般的日子"，是令人艳羡不已的。

长期工作和短期旅行完全不同。旅行是要看天气预报的，
目的也很简单，不是踏春、赏花就是看红叶、玩雪。天气不好、
心情不好、条件不好，游客都可以随时离开。在这里工作就不行，
不管条件怎么样，都要坚守在这里。

站上的人最初还要跟游客辩论几句。到后来问的人太多，
大家都懒得去解释，配合着应答两声，笑笑就过去了。

等待 杂乱纷扰

就在大家都认为今年再也找不到"淘淘"的时候，
在大洪山找粪便的队员居然在 7 沟找到了项圈！真是运气！
颈圈完整，附近也没有打斗的痕迹，只有采食过的残渣。

放归阶段

队员们按照颈圈的最后一个定位点进行了搜寻，并没有在附近发现新鲜粪便和痕迹，估计淘淘在大洪山或者竹马活动。

上个月坏掉的变压器终于修好了！又是一件值得庆祝的事情。

等待　杂乱纷扰

前两天，保护区接到附近村民报告，说发现了大熊猫。于是监测队今天前往查看，没想到在这个村上就收到了"淘淘师妹"的信号！那看来村民发现的大熊猫应该就是它吧。

当地村民说看到大熊猫状态很好，还采食了村子附近的竹一看到有人靠近就立即跑掉了。

队员们下载了颈圈数据，发现确实是它。而且一度活动到海拔一千六百八十米的地方，那里距离 108 国道非常近，人为活动很多。

放归阶段

一帮来生态旅游的小朋友把村口的几面白墙
涂上了大熊猫的图案。经过这里的人都忍不住想多看几眼，
自然也就放慢了车速，看来这墙上的画比减速带还管用。

口围墙上的画，让人眼前一亮

等待 杂乱纷扰

经过数轮的搜寻，都没有再收到"淘淘师妹"的信号，而"淘淘"也已经耍了五个月的光脖子了。
队员们今天开启了回捕笼，钻进笼子的可能是"淘淘"，也可能是它"师妹"。

树干上的大熊猫毛发

放归阶段

紫马，属于保护区的一个片区，公路、河流将这里和公益海、大洪山等保护区其他片区分隔开，所以队员们从没想过要到这里搜寻。因为大家都认为大熊猫不可能越过公路、河流，这对动物来说就是无法逾越的"天堑"。

一个星期前，有电站工人报告说发现了大熊猫，脖子上还带着颈圈。队员们一听："戴颈圈？不就是我们的熊猫吗？"

9号那天的搜查并没有什么发现。今天，队员们准备再去找找，顺便带上接收机，看能否收到信号。

队员们从声音判断项圈的电量不足了

在紫马沟与麂子坪中间的山梁上，接收机果真收到了颈圈信号！队员们面面相觑，怎么会在这里？

要知道，从这里到公益海的直线距离不低于二十公里，中间还隔着繁忙的108国道和高速公路以及电站、居民区。路上那么多车，就算行人过马路都还要左看右看，避开车辆，一只大熊猫居然能自己穿过公路！

它到底什么时候穿过去的？这太神奇了。

等待 杂乱纷扰

平时路上有几个石头，车子一般还是能勉强通过。今天这个垮塌厉害，由于根基不稳，边坡上的好几棵大树倒下连石头带泥土全部躺在了路上。

大家齐心协力把石头挪开了，但这些树太重了，尤其根部所有人一起抬都抬不动啊。只能从山下找来锯子，把大树锯成几段，再抬开。

队员们处理路上的障碍

放归阶段

整个夏天，监测队能从模糊的信号中知道"淘淘师妹"一直活动在紫马区域，但无法下载到它的颈圈数据，没有数据，就无法知道它什么时候进入这个区域的。

昨天傍晚，公益海刮起了罕见的大风。

若说是戈壁滩、海边或者其他地方刮起飓风都不奇怪，这栗子坪居然也有这样的大风出现，让在此工作了三十年的老队员都觉得不可思议。

在风中，人能清晰地听到附近的大树折断倒下时发出"噼里啪啦"的声响。奇怪的是，院子旁边空地上似乎风平浪静，连小树苗都没动一下。难道是某一棵大树太招风了吗？

狂风中物品乱飞，人们怕被砸着，都不敢出门，直到今天早晨，一切平静之后，监测队员才出门查看。

走出大门不远，就看见一棵大松树倒在路中。看情况，竟然是被连根拔起了。附近山上的情形差不多，倒下的都是松树。

看来是与树种有关系。这种松树扎根浅，树冠却很大，当年没有深入考虑种植乔木的种类，只因为这种松树生长快，就种了不少在山上。

虽说这种树结出来的松子非常好。不仅个头大，而且果仁饱满，是当地藏酋猴的主要食物之一。

由于松果太高，队员们站在树下根本够不着，平时只能远远看着，偶尔捡点猴子吃剩的漏网之鱼。今天好了，大大小小的松果唾手可得。

这可是个千载难逢的机会！趁那些藏酋猴还没发现，赶紧捡吧！

等待 杂乱纷扰

今天，两名监测队员骑着摩托车上山工作。

在九倒拐，弯弯曲曲的路让摩托车速度提不起来。

前方又是一个拐弯，摩托车转过去之后却停了下来。

坐在后座的人看不到前方，只听见骑车的人说了两个字："牦牛。"

后座的人侧头往前看去，前方不到十米的距离，一头成年牦牛站在路中央。此时刚把身体调转过来，正对着摩托车。摩托车和牦牛一时成了僵持的状态，谁都没有往前一

可是骑摩托车的监测队员注意到，那头牦牛把头稍稍低下

英勇负伤的摩托车

前蹄在若有若无地刨着地，一双眼神变得凶狠起来。

他慢慢从摩托车上退下来，只说出"快走！"两个字。

后座的队员从未面对过独牛，完全没有意识到危险，正想着拿出手机拍照。听到警告的他还不明所以，愣了一下。

"快躲开，那是头独牛！"骑车的队员急忙拉着他一起下了车

这里的地形很难躲避。左边是很陡的山崖，右边是带刺的杂灌，杂灌的后面是斜坡，下方就是悬崖。

放归阶段

两个人正在想要不要往山路下方跑，余光瞥见那头牛冲过来了！牦牛一跑起来大地似乎都在抖，一瞬间就把摩托车撞翻了，然后朝着两人冲来。

　　两人吓得跳进山崖那方的杂灌里面躲了起来，祈祷牦牛可千万不要把自己当成攻击目标。好在牛没有进灌丛，朝着林区路跑下去了。

　　虽然牛走了，但两人还是感觉心在狂跳。走出灌丛，扶起摩托车，才发现车已经无法启动了。

　　两人只能徒步走完剩下的路，并完成了今天的工作。

　　担心那头独牛还在九倒拐附近，两人不敢原路返回。而是从麻麻地开始就走小路，计划绕开九倒拐。

　　人算不如天算，虽然绕过了九倒拐，但刚回大路，眼前又出现了牦牛！

　　仔细一看，路旁灌丛中又陆续出现几头，原来这是群牛。还好，这样的牛一般不会攻击人。

　　此时它们正在路边吃草，两人轻手轻脚地绕过牦牛群，最终安然无恙地回到了保护站上。

等待　杂乱纷扰

气温一点点回升，又是一年春天来到。在紫色、白色、黄红色等各式野花的装点下，春季的山野愈发多姿多彩。走在其能闻着甜蜜的花香。

站在高处，目光随着山脊的延伸向远处眺望，蓝天下的山林秀丽婀娜。迎面而来的微风带着阳光的味道，已经不再像冬天那般凛冽。山坡上的大树伸展枝丫，尽情享受阳光的沐浴。在一棵老松树的树干上，代表森林样线的红漆仍隐隐可辨。树下的峨热竹如波浪般向前蔓延，纵身跃下溪谷后又冲上了远方的山头。

开在春天的野花

放归阶段

从 2012 年开始至今，已经有包括"淘淘"在内的
五只大熊猫放归在栗子坪的大山里。

有的大熊猫很快就能找到峨热竹，而有的要花好几个月；
有的喜欢待在麻麻地，而有的喜欢藏在大洪山……

下个月，这里又将迎来两位"淘淘"的"师妹"，
不知道这又会是两只怎样性格的大熊猫。

随着"淘淘"活动区域的慢慢变化，
以前那两个回捕笼的位置逐渐不属于它的主要活动区域了。因此，
监测队员又重新在它的活动区域修建了一个回捕笼，
暂命名为 3 号回捕笼。

等待　杂乱纷扰

回捕笼启用后，每天都要去检查。

队员们经常想：要是有个装置，能在笼门落下以后自动发送信号到站上来多好！那就不用这样每天跑了。就算每天都没结果，但又不敢不跑。万一笼门落下把动物关在里面，因为人没来把动物饿死，那可不行。所以，还是每天都要来看。哎，这真是累人！

巡查建在丛林中的 3 号回捕笼

放归阶段

　　缘分就这么奇妙，就在队员们为每天跑很远的路
查看回捕笼而苦恼的时候，回捕笼有结果了。

　　昨天，队员发现笼门关上了。再一瞧，一只大熊猫在里头！
跑了这么多趟的山路，终于跑出了一点名堂。

　　为了确保万无一失，两名监测队员先围着回捕笼仔细检查，
发现回捕笼机关没有出问题，笼门也关得很牢实，
两人才松了一口气。

　　初步判断，应该是"淘淘"，但还是要通过技术手段
才能最终确定。反正两人现在只需要守在这里等待就行了，

芯片扫描仪

"淘淘"，好久不见

这可比上次回捕"淘淘"轻松多了。

　　情况上报后，各方人员迅速往保护站汇集，准备在确认
"淘淘"的身份后给它佩戴新的颈圈。队员们相互提醒：
芯片扫描仪要记得带上，千万不要忘了啊！

　　今天一早，山林被雾气笼罩，潮湿又冰冷，
由无数乔木撑起的树冠层在雾气中隐约可见，
林下是一眼望不到边的峨热竹。拿着不同仪器、

等待　杂乱纷扰

工具的人员在林中匆匆前进，分批赶往山上。

在3号回捕笼，还能闻到昨夜篝火的烟味。从回捕笼的缝看进去，这只大熊猫状态良好，还能在笼子里起身、走动，监测队员在旁边砍了些峨热竹，塞进去给它吃。而兽医趴在笼子边上，一边目测大熊猫的体重一边寻找着合适的麻醉角度。

也许是因为人多了起来，大熊猫有些不安，在回捕笼里调转着身子。兽医示意众人先退后，并保持安静，不要过度刺激大熊猫。

根据目测估计的体重，兽医确定了麻醉的剂量，然后悄悄地把麻醉枪头从回捕笼缝隙中伸了进去，等待最佳时

回捕笼里光线太暗，另一名助手拿着手电给兽医打灯，同时也用灯光调整着大熊猫的体位。

就在大熊猫转了一圈，侧身面对笼门再度趴下的时候，带着红色尾翼的麻醉针准确地扎进了它的右肩。时间到了，大熊猫似乎还能活动，看来麻醉的剂量不够。兽医只好再给它来一针。

又过了好几分钟，大熊猫终于彻底失去了行动能力。体检开始了，麻醉时间有限，所以必须抓紧时间。

由于笼子里面积太小，只能容纳一两个人，所以当务之急是要把这两百多斤的家伙从笼子里弄出来。

两名监测队员抬起笼门，另外两人跑到笼子背后拽着钢丝把笼门吊起来，把钢丝固定在旁边的树干上。

在七八个人的合力下，终于艰难地把大熊猫抬到了笼子外另外一个人赶紧把芯片扫描仪靠近大熊猫。

读取芯片很快，就几秒钟时间。但就在这很短的时间里，整个世界仿佛都静止了，所有人都看着大熊猫和机器，没人大声说话，就怕不是"淘淘"。

显示屏上显示出一串编码，监测队员仔细核对后说："对，就是它！"听到这话，所有人才松了一口气，现场又重新恢复

放归阶段

欢声笑语。时隔两年多，又见面了！

"关着的时候我就看出来是它了，脸跟以前就没怎么变。"
"又被我们逮住了，这'淘淘'还真是受不了骨头的诱惑啊。"
"长这么壮了，看来在野外混得不错哦。"……

"淘淘"看上去确实不错，四肢、生殖器发育正常，
牙齿磨损程度低，体表没有外伤、也没发现有寄生虫，
全身的毛色光亮，营养状况应该很好。

没多余时间闲聊，监测队员采集了血液、毛发样品后，
又给"淘淘"戴上了新的颈圈。最后，队员们用准备好的编织网
把"淘淘"吊起来称重。

称完体重，监测队员将"淘淘"放下，解开绳索，
等待它自己苏醒。大多数人都抓紧时间往山下撤退，
只留下两名队员观察它的情况。

"淘淘"醒来后，迈着踉跄的步伐消失在丛林里。

等待　杂乱纷扰

变幻　迷雾重重

颈圈的再次脱落让大熊猫又"隐身"了。

如何能找到大熊猫和颈圈，成了人们想解决却又解决不了的问题。

　　"淘淘"在换了新的颈圈后，活动区域主要还是在公益海、大洪山以及靠近竹马河的区域。不知道是因为颈圈是新的，还是它所处位置靠近监测队员，三个月以来无线电信号都很好，而且声音很清晰。这让监测队员不仅可以把更多的精力放在其他放归大熊猫身上，也节省了不少体力。

　　今天是周末，公益海保护站上很安静，院子里那只老狗躺在花台边晒太阳，远处的玉兰花在阳光下摇曳。两位新加入监测工作的同事一下车就被这春意盎然的景象震撼了：哇！这就是传说中的岁月静好吧！

盛开的玉兰花

放归阶段

昨天傍晚乌云密布，入夜以后更是雷电交叫，大雨瓢泼。令人意外的是，居然这一晚没停电。

两位新来的同事算是见识了栗子坪的天气。诧异之余，两人发现今天是农历的"龙抬头"：龙角星从地平线上升起，表示龙离开了潜伏的状态，为生发之大象，故称"龙抬头"。

天亮后，两位新同事跟着上了山。这是他们第一次上山收信号，路上有说有笑，显得很兴奋。到了山上，机器打开后传出了"嗒嗒……嗒嗒……"的声音，在场的所有人都愣住了：这个重叠的声音不正常啊。

电撕破了山林的夜空

颈圈不会又出什么幺蛾子了吧？大家赶紧到更高的地方继续尝试。但不管怎么听，声音依然是重叠的，这是不正常的声音。大家开始猜测，是昨晚的雷电打坏了颈圈，还是大熊猫之间打斗损坏了颈圈，亦或是颈圈没电了、脱落了……众说纷纭。

不管怎么样，肯定是出了问题，接下来能做的，就是寻找。今天人少，很多东西也没带，只能等其他队员明天来了再一起搜寻。目前最多根据信号方位先确定一下明天大概的

变幻 迷雾重重

搜寻方向。

————两位新同事在回程路上一言不发，显得非常拘谨。过了很久，他俩才小心地问其他人：我们一来就出了问题，是不是我们两人的原因？……其余队员赶紧宽慰他们：野外工作变数很多，而且机器总有出问题的可能。从放归到现在，颈圈出过几次问题。所以，不要瞎想。

队员们最后叮嘱他俩把东西准备好，明天一起上山去找。

增援队伍赶到，所有人兵分两路上山。

在海拔三千米的地方，两组队员都发现颈圈的信号非常强，甚至可以不需要天线就能接收到很好的信号。

但就是无法唤醒颈圈，下载不了数据。

信号这么强，颈圈应该就在附近。队员们跟着信号的方向往前走，发现信号开始"躲闪"，一会儿左、一会儿右，似乎还在移动。

队员们分析：这个颈圈应该没掉，"淘淘"躲着人，信号也就随之忽左忽右。

队员们仔细地辨识声音的方向

颈圈没脱落，这样的寻找就不会有结果，队员们只好返回。

变幻 迷雾重重

队员们坐着车一早就往麻麻地赶。

新来的两位同事还在车里天真地讨论着：
"你说会不会今天颈圈突然自己又好了？""那也说不准的，有可能吧。""那就不用再上山找了，昨天太累了。"……

结果到了山上一打信号，两人感觉血都凉了：声音消失了从麻麻地走过 2800 沟、玻璃房子，一直走到没有路的地方，都搜不到信号。怎么会一点声音都没有？

会不会是翻回大洪山那边去了。

于是，从大洪山赶来的队员又撤回到大洪山监测，

车子开到路的尽头，队员们就步行前进

其余人留在公益海待命。

下午，不好的消息传来：大洪山那边也没有打到"淘淘"的信号！队员们吃过晚饭，带着天线往附近的村子走一路走一路打，依然没有信号。

放归阶段

前几天队员们听到的重叠音很可能是外力损坏
导致的模块故障，颈圈受损后会发出故障警报。
按照接收机附带的说明，这样的警报是不会持续太久时间的，
在电力耗尽后就不再发射信号了。从昨天开始收不到任何声音，
估计是颈圈完全没电了。站上一位快退休的老员工坚持认为：
在 305 沟的尽头肯定能收到信号。监测队员别无他法，
也只能"死马当作活马医"，决定沿着 305 沟的山梁去找找，
万一收到了呢！

山下已是春光明媚，山上却依然是冬天景象。

站在雪地里收信号，冷得瑟瑟发抖

山腰被雨雾笼罩，树上不时滴下水珠。走到海拔 2800 米，
路上已经开始出现积雪，落下的不再是水珠，而是树梢上的雪团。
新同事准备不足，只穿了单衣的两人此时已经被冻得浑身发抖。

走到海拔三千米的地方，"淘淘"的信号依然收不到。在这里，
脚印、粪便都被大雪覆盖，竹子也被大片压倒。
几个人衣服裤子全湿了，帆布胶鞋也早已被雪水浸透，
脚趾冻得发麻，在寒冷中失望至极。

变幻　迷雾重重

失去了颈圈的无线电信号，监测队的工作又回到了找寻粪便的阶段，但这丝毫没有影响到监测队员对工作的热爱。

上山途中，车厢里的队员保持者高昂的热情，兴致来了还拉歌。其中几个人唱："我们不一样！不一样！"另外几个人马上接："有啥不一样！"……

回程途中，有位新同事不慎滑倒，估计是手臂骨折。队员们赶紧送他下山看医生。他也连连自责：本来以为走梁子上比过河安全，没想到还是出了意外，哎……

大家都安慰他，让他好好休息。告诉他别多想，在野外受伤很正常。之前还有人在林子里走平路都受伤，就是因为斜挎着的天线背带被树枝挂住了，自己一使劲，肩膀脱臼了。

受伤的同事下山了，听说来的替补队员都五十多岁了，大家觉得更不踏实了。这个年纪还跟着年轻人上山，怎么吃得消？

放归阶段

　　昨天的雨让路边垮下很多石头，车子开不了，
队员们只好步行。

　　在蜿蜒数公里的山路上，年轻的优势很快就体现出来。
二十多岁的小伙子在前面走得飞快；五十多岁的老同志
在后面慢慢走，气定神闲；夹在中间的是个四十岁的中年人，
很为难，既想跟上青春的步伐，又要顾及后面老同志的安全。

　　他只能紧盯着小伙子的背影，同时尽量不让老同志
离开自己的视线，起着"承上启下"的作用。每到一个拐弯处，
就停下来鼓励老同志："加油！快跟上！"

　　速度实在太悬殊，前后的距离很快就拉开了，
老同志被其余人甩下好几公里。

　　到分路的地方，时间不允许再等了，其余四人
决定先上山工作。于是几个人在路上做了标记后，
拐上了一条小路。这是一条兽径，中途没有分叉，
只要沿着走就不会错。

　　直到做完工作，还没看到老同志的身影，四个人赶紧往回走，
连干粮也不敢吃。

　　回到分路的地方，看到标记没动过，几个人估计老同志
应该还在半路。"将近两个小时，挪也挪到了，咋还没来？"
大家开始觉得不对头，于是继续往回走，一边走一边朝路的
两旁吆喝，怕因为躲在路边灌丛里上厕所而错过彼此。

　　一直走到瞭望塔都没看到人，几个人有点慌了：
"不可能连这里都没走到吧？他一个人不会遇到黑熊、
野牦牛了吧！他到底是没上来还是半路回去了？……"

　　几个人加速往回跑，小碎步始终不敢慢下来。
走过了大林场沟，才远远看到老同志孤独而蹒跚的背影。

　　回到站上，老同志说："我倒不是怕什么狗熊。
我晓得我跟不上你们，就提前往回走了。野外也没必要逞能，
万一出啥事反而给你们年轻人添麻烦。"

　　这位老同志真贴心。

变幻　迷雾重重

半个多月过了，没有一点"淘淘"的讯息。

也许是受到当地大熊猫和人类活动的影响，去年刚放归的两只大熊猫也开始东奔西跑，有时一天就翻过两道山梁，这样大范围的活动让监测队员感到精疲力竭。

今天，监测队员决定绕到孟获城那里去搜寻其他大熊猫的颈圈信号。如果"淘淘"去过那边，就可能留下痕迹，可以采到它的粪便也是个好事。

虽然这里和公益海的直线距离只有十多公里，

据说孟获城就是诸葛亮七擒孟获的地方

但自然环境很不一样。宽阔平坦的高山草甸加上蓝天白云，让人很难相信这里跟公益海属于同一个保护区。

草地上当然没有竹子，竹林都分布在山边。沿着山沟往里植被渐渐茂盛起来，人也感觉凉爽不少。继续走，果然发现了大熊猫采食的痕迹。虽然暂时无法确定是哪只大熊但监测队员还是按要求进行了记录，采集了粪便样品。

放归阶段

山腰以下的山林在深秋里瑟瑟发抖，将枯黄的树叶留在地面。乌鸦在浓雾中发出呱呱的叫声，在保护站四周来回盘旋。山林里的气温越来越冷，国庆节没过多久，就冷得要穿毛衣了。

队员们在林子发现了一个很大的树桩，大部分树干早已不见踪影，看样子应该是多年前就枯死倒掉了。

几个人都向树桩里探头瞧了瞧，没发现什么。从参差不齐的断面看得出来，这树不是被人砍伐的，像是自己倒下的。

大自然从不怜悯弱者，不管你是寿命到了，还是生了病虫害，

样的枯树桩是整个森林新旧更替的体现

只要你有一点不够坚强，不能适应环境，就会被淘汰。

休息得差不多了，队员们起身继续赶路。看着枯树桩，有人不禁感叹："哎呀，我们不求你妻妾成群，哪怕只有一只'母猫'喜欢你，给你生一个仔就够了！"

变幻 迷雾重重

站上的三个大冰柜常年都是满满当当的，装满了监测队员采集的粪便样品。而随着工作的进行，新的样品还陆续送来，队员们不得不每隔一段时间就清理一次冰柜，把需要检测的样品送到山下。

一年多过去了，"淘淘"没有再出现，也没人知道它的颈圈落在哪里。这个长期陪伴着它的仪器也许早就带着一段不为人知的秘密躲在厚厚的落叶下沉睡了。

现在人们只能通过采集粪便样品，从中提取 DNA，

行进在林区路上的工作车

然后与实验室留存的信息进行比对，希望能发现它的踪迹。这个工作很像大海捞针。

放归阶段

实验室收到了一份样品，附带一张纸条：疑似"淘淘"粪便，新鲜程度三天以内，海拔两千九百八十五米，E101.428078，N29.00061。

一周后，消息传回了栗子坪:样品的 DNA 信息与"淘淘"的完全吻合，"淘淘"还活着！就在麻麻地！

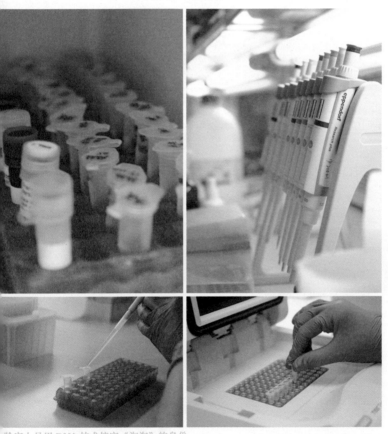

验室人员用 DNA 技术核实"淘淘"的身份

变幻 迷雾重重

未来 相互陪伴

2021/
06/30
-
未来

九年的时间，让大熊猫和人变成伙伴。
接下来的任务是再继续通过收集粪便清查大熊猫的存活情况，
人们将继续跟大熊猫在山林里“斗智斗勇”。

一项新的任务开始酝酿：集中调查一下这些放归的大熊猫，弄清楚它们的生存状况，尤其是"有无后代"的问题。

从"淘淘"开始，有七只大熊猫从栗子坪这里走向了野外，这个数量已经不少了。到目前为止，这些大熊猫有没有后代，还没人知道。

以年龄最大的"淘淘"为例。它已经在野外待了九年，算是当地常住居民了，跟当地野生大熊猫有交流吗？生下后代了吗？还不知道。

按照大熊猫家族的传统习惯，雄性的"淘淘"

又将开始风餐露宿

是不会参与到哺育幼仔的辛苦工作中去的，所以保护区布设在野外的红外相机也不可能拍到"淘淘"遛娃的图像。要想知道它是否有后代，就只能尽可能多地采集粪样，通过分析这个地区所有大熊猫之间的亲缘关系来确定有无"小淘淘"的存在。

放归阶段

大规模的"捡屎"工作开展之前，需要花时间做好人员、后勤的协调和准备工作。整理资料时，监测队员翻到了一张照片，是最后一次麻醉"淘淘"时在回捕笼外面的合影。

当时有人提议：既然这次人员比较齐，那就拍个合影吧！

其实早在第一次回捕时就应该拍的，但当时因为不能现场确定"淘淘"的身份而被大家忽略了。

拍照的事情仿佛刚刚才发生，大家都记得称了"淘淘"的体重才拍的照，当时体重是 115 公斤。

时间过得好快，不经意间，当初这个瘦小的少年成了体重一百多公斤的青壮年。明年，就是"淘淘"放归野外的第十年。伴随着阿鲁仑底河的流淌，它在这片山林生活了近十年。

更多的时候，"淘淘"对人们而言只是颈圈信号的方向，只是地图上的符号，只是经线和纬线的交叉点，人们很难把这些枯燥的信息和鲜活的生命联系起来。

直到那次合影，队员们触摸到它健硕的体型、强健的肌肉，才真正意识到：这就是"淘淘"，这就是那只放归时体重仅三十九公斤的大熊猫。虽然它还处于麻醉后的沉睡中，但人们能从它身上感受到蓬勃向上的活力。

它早已褪去了曾经瘦小、稚嫩的模样，也早没有了当初好几天吃不到竹子的落魄。它第一天闯入丛林的时候，狼狈不堪、跌跌撞撞，人们甚至担心戴在脖子上的颈圈会让它喘不过气。当初人们都很怀疑它能否活下来，谁的心里都没底。

不知道"淘淘"刚进入山林的时候在想什么，它会想它的妈妈吗？它会想那些远在核桃坪的工作人员吗？在那些害怕、惶恐的日子，它会认为自己是一个不幸被放逐的弃儿吗？

它怎么想的，人们无从知晓。但就是这样一个"弃儿"，让监测队员们甘愿为它累、为它苦、为它高兴、为它欢笑、

未来 相互陪伴

为它奔忙……

监测工作枯燥乏味，似乎永远都是举着天线搜信号
或埋着头找粪便。山头位置变了，天空颜色变了，树的影子变了
但监测队员的动作始终没变，在长长的时间里被定格成了
一帧一帧静止的画面。回顾从前，把这些如同电影胶片一般的
画面串联起来，不就是一段人和大熊猫的故事吗？

"淘淘"长大了，监测队员也长大了。有的恋爱了，
有的结婚了，有的成为了父母，还有的人因身体吃不消
而离开了一线工作。但只要聊起"淘淘"，谁都精神焕发，
总有说不完的话，似乎又回到了记忆中的某个时候，
自己仿佛重新站在了某个山头……

野外工作是个体力活，也就是"吃青春饭"，没有好的体力
真是盯不下来。肠胃病、关节炎等都是困扰监测队员的健康问题
这么多年来，监测队的人换了一茬又一茬，走了一个又来一个，
每个后来的人都知道山里有只大熊猫名叫"淘淘"，
它更像是一个传说。

大熊猫的传说还会继续，它和监测队员也肯定会在野外重逢
但不知道是什么方式。

可能是几枚新鲜的粪便、可能是一堆吃剩的竹子残渣、
可能是留在树干表面的气味，还可能是一次面对面的偶遇：
风吹过冷杉林发出阵阵呼啸，齐腰深的竹子像麦浪一样奔向远方
监测队员和"淘淘"在山头远远地站着，凝视着对方，
像一对老朋友，更像两个老对手。

没有嘘寒问暖，没有相逢一笑，平静一如从前。除了风，
此时就只剩下信号的滴答声，宛如雨中屋檐滴水。不紧不慢，
却铿锵有力，在地面砸起浪花，砸出水坑，砸透十年的光阴。

十年长情，流淌的时间悄悄改变着山川大地的容貌；
十年情长，这一对朋友和对手在相互的陪伴中成了最珍惜的彼此
春秋冬夏、寒来暑往，想说的话何止千千万万？
但此刻却又不知如何开口，内心的隐忍让人想起十年前

放归那一段

那个细雨蒙蒙的秋日。

————走吧，散了吧！既然相对无言，不如江湖再见。

回到各自来时的路，继续扮演各自的角色，继续一场又一场的"追"与"逃"。不要想太多，至于那些理想、憧憬、羁绊、牵挂、挣扎、抉择、坚持……都留在回忆里，

留在每一处青春昂扬的地方。

————下个十年，我们继续陪伴，直到烟花散尽，各自老去，

最后只剩下谱系上的一条简短信息：淘淘，雄性，谱系号777。

未来 相互陪伴

附
件

第一阶段野化培训圈

　　第一阶段野化培训圈位于卧龙自然保护区中国保护大熊猫研究中心核桃坪野化培训基地内，海拔1860m，面积2400m²。

　　"草草"会随着幼仔的生长发育状况、野化圈的利用程度以及圈内植被动态（主要是灌木和草本植物的落叶和凋亡），而发生相应的改变。一般而言，主要选择隐蔽性好、地面相对干燥、碎砾含量较多的微生境作为其育幼和休息地，而且伴随着野化圈可

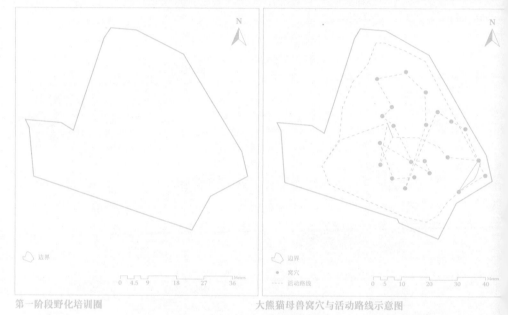

第一阶段野化培训圈　　　　　　　　　　　　大熊猫母兽窝穴与活动路线示意图

利用的空间愈来愈少，各个窝穴利用时间逐渐缩短。

　　第二阶段野化培训圈位于卧龙自然保护区中国保护大熊猫研究中心核桃坪野化培训基地后山半山上，海拔 2050m，面积约 40000m^2，安装了监控设备一套。

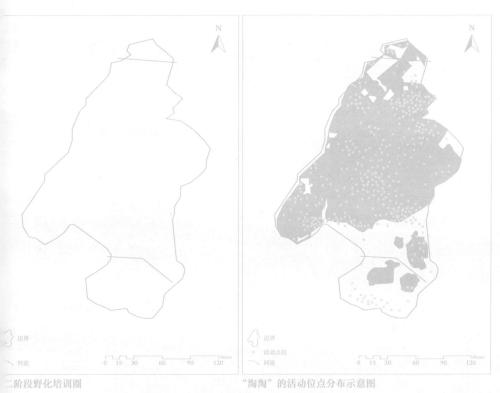

第二阶段野化培训圈　　　　　　　　　　　　"淘淘"的活动位点分布示意图

　　"淘淘"选择的微生境主要由树林、竹林、草地、木棚等构成，树上占了 69.84%，竹林 21.97%，草地 6.23%。

第三阶段野化培训圈

第三阶段野化培训圈位于第二阶段野化培训圈的上方，面积240000m²，植被类型与植物组成和第二阶段野化培训圈相似，海拔2100 ~ 2380m，圈内安装170多个枪机或球机式远红外线视频监控系统一套。

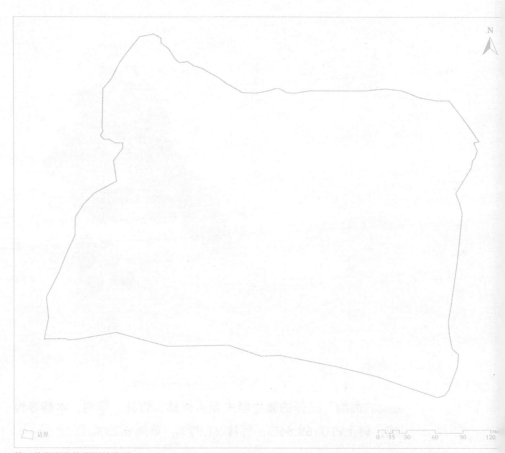

第三阶段野化培训圈结构图

模拟动物法

在接触或近距离观察受训大熊猫时，研究人员穿戴大熊猫或其他动物的伪装服，并穿戴去味服，涂抹母兽粪便和尿液来模仿大熊猫，让野化培训大熊猫从出生起就见不到人，最大限度减少大熊猫幼仔对人类的依赖。

究人员穿戴伪装服给"淘淘"体检　　　　红外视频监控系统

红外视频监控

为减少人对野化培训大熊猫的干扰，在每一个培训圈内都安装了红外视频监控系统，用以观察记录大熊猫行为。

生长发育测定

体重、体尺测定：定期使用电子秤和软尺进行测定。外观牙齿及外观检查：观察并记录幼仔的睁眼时间、毛发变化、牙齿发育和行为发育的时间，对比不同生存环境下个体发育的差异。

GPS 颈圈跟踪

通过 GPS 颈圈收集母兽的位置、活动规律和活动强度等数据，了解母幼关系。

在野化培训圈中，随机布设 20m×20m 的样地数个，并分乔
木层、灌木层和草本植物层分别进行林学调查，乔木调查采用大
样方进行，灌木测定 3~5 个 5m×5m 的小样方，草本植物则选扩
5 个 1m×1m 的小样方测量。在调查过程中，详细记录样方里的
植物种名、个体数量、生长发育指数以及海拔高度、坡度、坡向
等自然地理特征。

在样地中，根据野化培训大熊猫取食情况设置 2~3 个 1m×1m
小样方，调查竹子的种群数量、生长发育指数和被食竹子数量等

佩戴 GPS 颈圈的"草草"与幼仔"淘淘"

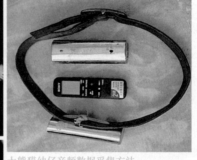

大熊猫幼仔音频数据采集方法

体重、体尺测定：定期使用电子秤和软尺进行测定

音频数据采集

利用录音笔收集大熊猫活动的音频数据，通过数据分析获
大熊猫的活动状况，了解大熊猫的活动规律。

无线电监测和项圈数据下载

从"淘淘"放归之时，对"淘淘"的监测工作随即开始。日常的监测主要是"打点"，监测人员从三个不同位置用接收仪器搜寻"淘淘"的无线电信号，从信号强弱判断其方位和活动状态，用罗盘测量方位角并记录，最后在电脑上将"打点"处的坐标和方位角带入公式计算出"淘淘"位置的坐标。

"淘淘"项圈数据包括 GPS 数据和行为数据。

由于地形复杂，当"淘淘"活动时无线电信号和反射信号随之变化，确定其准确位置有很大难度，一般在休息时信号较强且稳定。作图发现，用无线电"打点"计算的"淘淘"位置与项圈 GPS 位置差别较大，项圈 GPS 较符合实际。"打点"更适合于即时定性判断"淘淘"身体、运动状况，而项圈 GPS 数据更适合于作图和定量分析。

"淘淘"新鲜粪便采集和野外搜索

为获得"淘淘"DNA 信息和了解其寄生虫感染、应激等状况，需要定期采集"淘淘"新鲜粪便。收集之前先通过项圈 GPS 数据和"打点"情况判断"淘淘"近期活动位置，确定大致搜寻范围，以保证所采粪便新鲜程度在 24 小时以内。所采粪便当日即置于冰柜保存并做好相关记录。

当颈圈发生脱落后，通过粪便 DNA 法来判断其活动位点和范围。

采食场竹子样方调查和生境调查

为了解"淘淘"食性选择和变化情况，对"淘淘"采食场进行竹子样方调查，搜集采食样方竹子的各种数据，并对不同竹种、竹龄和竹子部位分别采样以备后续营养分析。样方调查同时记录采食场生境特征，以了解"淘淘"的生境选择特点。

采食量调查

▅▅▅▅粪便量和采食量在一定程度上能反映大熊猫的身体状况和生长情况。工作人员对一定日期内"淘淘"粪便计数，通过粪便的平均重量推算"淘淘"每日的排便量，根据大熊猫的消化率间接推测出"淘淘"每日采食量。

红外相机布设

▅▅▅▅"淘淘"活动区域内布设红外自感应相机，以期能拍到自然态的"淘淘"，能在对动物影响最小的状态下了解动物的生存状况

2011 年，发表第一篇论文

2013 年，"伪装服"获得国家外观专利

2013 年，第一部有关大熊猫野化培训的研究专著出版

2014 年，"录音笔保护盒"获得国家实用新型专利授权

2015 年，第一篇 SCI 论文在《Environmental Science and Pollution Research International》上发表

2017 年，《圈养大熊猫野化训练规程》获得四川省地方标准授权

2019 年，第一篇有关录音笔技术的科研论文在《Scientific Reports》上发表

2019 年，"大熊猫野化放归关键技术研究"获第十届梁希林业科学技术奖科技进步奖一等奖……

截至 2021 年年底，《圈养大熊猫野化培训与放归研究》项目共培训具备野外生存能力的大熊猫个体 15 只，放归 11 只；项目启动以来，中国大熊猫保护研究中心、栗子坪保护区、龙溪 - 虹口保护区共计 130 余人直接参与了这项工作。

未来，将有更多的人参与进来。

"小途"（The ways）

中国林业出版社旗下文化创意产业品牌，延续中国林业出版社的专业学术特色和知识普及能力，整合林草领域专业资源，围绕"自然文化＋生活美学＋未来科技"，从事内容创作、内容挖掘、内容衍生品运作。形成出版、展览、文创、融媒体等优质产品，系统解读科学知识，讲好中国林草故事，传播中国生态文化，联手公众建立礼敬自然、亲近自然的生活方式，展现人与自然和谐共生的无限可能。

特别鸣谢四川省大熊猫保护基金会对本书出版的支持

图书在版编目（CIP）数据

淘淘日记：一只"野生"大熊猫的十年成长记录 /
谢浩，周晓著 . -- 北京：中国林业出版社，2023.5
ISBN 978-7-5219-1800-7

Ⅰ.①淘... Ⅱ.①谢... ②周... Ⅲ.①大熊猫 – 科学
考察 – 普及读物 Ⅳ.① Q959.838-49

中国版本图书馆 CIP 数据核字 (2022) 第 141118 号

 看更多大熊猫

淘淘日记 —— 一只"野生"大熊猫的十年成长记录

顾问：张和民

项目指导：路永斌 黄炎 吴代福 胡海

科学审定：李德生 张玲 古晓东 杨建 黄金燕 钟义 刘巅

项目策划：段兆刚 仇剑 罗瑜 陆良媛 罗佳

图书策划：李凤波 王佳会

策划编辑：杨长峰 吴卉 王远 黄晓飞

责任编辑：吴卉 张佳 黄晓飞 曹曦文

宣传营销：王思明 杨小红 蔡波妮 杨荷明

书籍设计：XXL Studio 郑坤

摄影（按拼音排序）：蔡水花 陈堰龙 邓林华 董超 何胜山 何晓安 黄金燕 刘巅
刘明冲 罗瑜 牟仕杰 邱宇 石旭 万超 谢浩 严啸 杨建 张卫东 周季秋 周晓

特邀编创：小途 The ways

电话：(010) 8314 3552

邮箱：books@theways.cn

出版发行：中国林业出版社（100009，北京市西城区刘海胡同 7 号）

印刷：北京富诚彩色印刷有限公司

版次：2023 年 5 月第 1 版

印次：2023 年 5 月第 1 次印刷

开本：787mm × 1092mm 1/16

印张：28.25

字数：388 千字

定价：128.00 元